diagonales

12 rue du Moulin-Joly, 75011 Paris
www.ruedelechiquier.net
ISBN : 978-2-917770-97-9
Dépôt légal : octobre 2015

Guillaume Sainteny

Le climat qui cache la forêt

Comment la **question climatique** occulte les **problèmes d'environnement**

Rue de l'échiquier

sommaire

introduction

La priorité accordée aujourd'hui au climat, dans les politiques environnementales, par les États, les ONG, les médias, est-elle justifiée ? N'est-elle pas excessive ?

Soulever cette simple question apparaît, à soi seul, iconoclaste et s'apparente à une démarche politiquement incorrecte tant il semble communément admis que « la lutte contre le réchauffement climatique » constitue la mère de toutes les batailles environnementales. Pourtant, interroger la perception commune a souvent du bon et participe de la liberté d'expression, autant que du sens critique.

Entendons-nous bien. Il ne s'agit pas ici d'examiner, en tant que tels, la question du changement climatique, ses causes, son ampleur, ses conséquences, les politiques suivies en la matière. Des milliers d'études existent sur ces sujets. Les propos qui suivent ne s'apparentent pas davantage au courant du « climato-scepticisme ». Nombre d'études scientifiques ont mis en évidence non pas ce que les médias appellent le « réchauffement climatique » mais un phénomène de changement climatique, essentiellement caractérisé par trois éléments : réchauffement en certains lieux de la planète et refroidissement en d'autres ; rythme rapide d'évolution de ces variations (plus rapide que ce qu'engendrerait une évolution purement naturelle) ; possibilité accrue d'événements climatiques extrêmes et d'enchaînements de rétroactions, au-delà d'un certain seuil.

Il s'agit, plus simplement et de façon peut-être plus hétérodoxe, de réexaminer la prééminence, considérée comme allant de soi, du thème climatique au sein des politiques d'environnement. En effet, si la question climatique était quasiment absente des politiques environnementales jusqu'aux années 1990, elle a pris depuis une importance telle qu'elle en vient non seulement à les dominer mais aussi à les escamoter, voire à leur nuire.

Or, si le changement climatique constitue, incontestablement, un enjeu environnemental majeur, il n'apparaît pas, malgré son extrême médiatisation, plus important que d'autres, tels que la pollution atmosphérique, la pollution de l'eau, l'érosion de la biodiversité, voire la dégradation des sols. On peut le démontrer en comparant, par exemple, le nombre de décès prématurés engendrés par ces phénomènes, leurs coûts économiques ou encore la hiérarchie des constats et recommandations des grandes organisations internationales. Même dans les pays en voie de développement (PVD), qui souffriront davantage que les pays du Nord des conséquences du changement climatique, ces autres problèmes d'environnement semblent susceptibles d'y entraîner des conséquences économiques et sanitaires supérieures à celles du changement climatique.

Quant à la France, la priorité absolue qu'elle confère au changement climatique au sein de ses politiques environnementales ne manque pas d'étonner. Si l'on passe en revue les critères à l'aune desquels pourrait s'y trouver justifié ce caractère prioritaire, aucun ne semble véritablement résister à une analyse rigoureuse. En effet, la France représentant moins de 1 % des émissions mondiales de gaz à effet de serre (GES), considérées comme responsables d'une partie au moins du changement climatique, la politique climatique française n'est en rien déterminante. Elle ne saurait suffire à résoudre le problème mondial, ni même à l'influencer puisque la diminution de ses émissions est plus que compensée par les émissions croissantes des PVD et des pays émergents. De plus, les performances de la France en la matière sont remarquables : elles en font l'un des pays les moins émetteurs de GES de la planète. Ses émissions continuant à baisser, ses performances ne cessent de s'améliorer. Il s'agit, de loin, du domaine environnemental dans lequel le bilan de la France est le meilleur, à l'inverse de la qualité de l'air, de l'eau, de la biodiversité et autres secteurs dont les résultats médiocres contreviennent au respect des conventions internationales ou directives européennes, l'entraînant dans des contentieux. Rien de tel dans le domaine climatique dans lequel, au contraire, la France respecte tous ses engagements internationaux. Enfin, contrairement à ce qui est souvent dit et cru, l'opinion publique française elle-même ne considère pas le changement climatique comme le problème d'environnement le plus important.

Or, cette priorité accordée à la politique climatique s'est révélée défavorable à l'environnement à bien des égards, à tel point qu'elle a accru certains problèmes écologiques, au lieu d'aider à les résoudre.

En outre, bien que prioritaire, la politique climatique française s'est révélée jusqu'ici déséquilibrée, coûteuse, peu efficiente ; elle n'est pas parvenue à résoudre les contradictions qui l'opposaient à d'autres politiques (dans le domaine social, de la fiscalité, des transports, de l'agriculture, etc.). Si la politique climatique domine les autres politiques environnementales, elle demeure elle-même tenue en lisière par d'autres politiques sectorielles et ne parvient pas à les infléchir. Ainsi, de façon paradoxale, les bonnes performances de la France en la matière ne résultent pas tant de la politique climatique elle-même que de facteurs qui lui sont extérieurs et, pour la plupart, antérieurs. Une franche réorientation des politiques climatiques vers des mesures plus efficientes, moins coûteuses, tenant davantage compte du contexte international, accordant plus de place à l'adaptation par rapport à l'atténuation et qui ne soient pas défavorables à l'environnement, apparaît nécessaire[1].

1 Certaines hypothèses émises dans cet ouvrage ont donné lieu à des échanges informels avec Thierry Lavoux, Harold Levrel et Patrick ten Brink. Qu'ils trouvent ici l'expression de ma reconnaissance. L'auteur demeure seul responsable des analyses effectuées et critiques qui peuvent leur être adressées.

CHAPITRE 1

La vampirisation de l'environnement par le thème du changement climatique

Des politiques environnementales négligeant longtemps le climat

Les politiques de protection de l'environnement trouvent leur origine historique, avant même de revêtir cette appellation, essentiellement dans deux types de préoccupations. Le premier provient du souci de l'hygiène et de la protection des citoyens vis-à-vis des nuisances locales. Il remonte à plusieurs siècles. On en trouve la trace, en France par exemple, dans de nombreux règlements de police qui tentent de concilier, de manière plus ou moins équilibrée, les intérêts des activités à l'origine des nuisances et ceux des citoyens, dans l'enquête de commodo et incommodo de 1729 puis dans le décret du 15 octobre 1810 et la loi du 19 décembre 1917 sur les établissements dangereux, insalubres ou incommodes et celle du 17 juillet 1976 sur les installations classées pour la protection de l'environnement (ICPE).

Un autre type de préoccupations s'affirme progressivement au fil des siècles : celui de protéger la ressource. L'évolution du droit forestier français avec les ordonnances et édits royaux sur la forêt (par exemple ceux de 1302, 1346, 1518, 1565, 1574, 1588, 1669), le code forestier de 1827, etc., en témoigne notamment. Toutefois, ce souci ne doit pas s'entendre comme une volonté de protéger la nature pour elle-même mais plutôt comme le souhait de la gérer en tant que ressource économique et de concilier entre eux ses différents usages possibles.

À la fin du XIXe siècle et au début du XXe siècle, les politiques environnementales contemporaines naissent ou renaissent, d'abord à travers les thèmes de la protection des paysages et de la nature, puis de la lutte contre les pollutions de l'eau et de l'air, voire contre le bruit, et, enfin, du traitement des déchets et de la maîtrise des risques. Le climat est absent de cette génération de mesures. Et l'énergie n'est pas, à cette époque, considérée comme entrant dans le champ des politiques environnementales.

Durant les années 1970, en France, par exemple, les thèmes centraux de la politique environnementale sont la « protection de la nature » (termes qui figurent dans l'intitulé même du ministère à sa création en 1971), le paysage, le cadre de vie, la qualité de la vie, l'esthétique, l'architecture et la lutte contre les pollutions[1]. Il en est encore ainsi durant les années 1980.

Le premier choc pétrolier de 1973-1974 entraîne, certes, une évolution importante de la politique énergétique française. Celle-ci se caractérise par un développement prioritaire et massif de l'énergie nucléaire, des efforts d'économie d'énergie et le lancement de quelques initiatives en matière d'énergies renouvelables. Le second choc pétrolier de 1979-1980 contribue à confirmer cette politique, initiée à la fin de la présidence Pompidou et développée sous tout le septennat giscardien. Mais elle n'est pas

1 La prédominance de ces sujets dans les compétences du ministère à cette époque est bien mise en évidence dans le récit que fit de son expérience le premier titulaire du poste : Robert Poujade, *Le Ministère de l'impossible*, Calmann-Lévy, 1975.

conçue comme une politique environnementale et trouve sa justification dans de tout autres desseins, clairement énoncés : diminuer le coût de la facture énergétique pour la balance commerciale et les entreprises, desserrer la dépendance énergétique et donc la contrainte géopolitique qui pèsent sur la souveraineté nationale. Dans cette double optique, ces trois moyens, nucléaire, économies d'énergie et énergies renouvelables, sont cohérents et bien articulés. Mais ils ne sont pas motivés par des raisons environnementales. Ainsi, l'argument d'une énergie nucléaire peu émettrice de CO_2 n'est pas employé à l'époque. Cette politique est mise en œuvre par le ministre de l'Industrie et non par celui chargé de l'environnement. Les mesures qui s'y rapportent sont examinées en Conseil des ministres et annoncées en même temps ; le nucléaire s'y taille toujours la part du lion.

Cette situation évolue, peu à peu, tant en ce qui concerne les ONG que les administrations, les médias ou les politiques publiques.

La polarisation croissante des ONG sur l'énergie et le climat

Les premières associations environnementales, dès le début du XXe siècle, s'attachent à la défense des paysages et du patrimoine. Elles sont suivies par des associations spécialisées dans la protection de la nature, surtout à partir des années 1960, puis par d'autres, plus généralistes, à partir des années 1970. Or, on constate, dès les années 1980, et plus encore à partir du début des années 1990, un quintuple phénomène. D'abord se créent des ONG et *think tanks* spécifiquement axés sur le changement climatique et l'énergie (World Information Services on Energy (WISE Paris), 1983 ; Comité de liaison pour les énergies renouvelables (CLER), 1984 ; Énergies pour le Monde, 1990 ; Global Chance, 1992 ; Réseau action climat (RAC), 1995 ; Helio, 1997 ;

Sortir du nucléaire, 1997 ; négaWatt, 2001 ; The Shift Project, 2010, etc.). Parallèlement, dès les années 1980, les mouvements d'écologie politique tendent à faire de l'énergie un de leurs thèmes principaux[2].

Par ailleurs, depuis les années 1980 mais surtout à partir du milieu des années 1990, se créent des fédérations regroupant les professionnels des énergies renouvelables (Enerplan, 1983 ; Syndicat des Énergies Renouvelables (SER), 1993 ; France Énergie Éolienne, 1995) ou de l'efficience énergétique (Isolons la Terre contre le CO_2, 2003 ; Effinergie, 2006). En outre, d'autres fédérations professionnelles, créées auparavant (Groupement économique sanitaire électricité chauffage (Gesec), 1970 ; Groupement des industries de l'équipement électrique, du contrôle-commande et des services associés (Gimélec), 1971 ; etc.) s'emparent peu à peu du sujet de l'efficience énergétique et contribuent à le promouvoir.

Ensuite, les ONG généralistes, nées à partir des années 1970 (Les Amis de la Terre, 1970 ; Greenpeace, 1972 ; Fondation Nicolas Hulot pour la nature et l'homme (FNH), 1990 ; Dossiers et Débats sur le développement durable (4D), 1993 ; Agir pour l'environnement, 1997 ; etc.), développent, de plus en plus, l'énergie et le climat comme thèmes prioritaires. Même les associations initialement créées dans les années 1960 dans un but de protection de la nature, et centrées sur cet enjeu (World Wildlife Fund (WWF), 1967 ; Fédération française des sociétés de protection de la nature, 1968), en viennent à faire du changement climatique un axe majeur, voire prioritaire, de leurs campagnes.

On peut se contenter d'un exemple récent mais frappant. En octobre 2014 se tient la Conférence des Parties (COP) de la Convention sur la diversité biologique (CDB), réunissant toutes les parties à la convention, soit la quasi-totalité des États de la planète, les grandes organisations intergouvernementales (OIG) et ONG, etc. Parallèlement, les 23 et 24 octobre, se réunissent

2 Guillaume Sainteny, *L'Introuvable écologisme français ?*, PUF, 2000.

les chefs d'État et de gouvernement européens représentant 28 États. À l'ordre du jour de cette rencontre figurent, notamment, les éventuels nouveaux objectifs en matière de GES, d'énergies naturelles renouvelables (ENR) et d'efficience énergétique de l'Union européenne (UE) dont les performances en la matière sont déjà honorables. Dans un cas, des décisions éventuelles de la part de la communauté internationale dans son ensemble, dont les pays les plus riches en biodiversité, dans le cadre de l'une des trois grandes conventions sur l'environnement signées lors du sommet de Rio en 1992. Dans l'autre, des orientations envisagées de la part de 28 pays seulement, dont la part des émissions de GES s'élève à moins de 10 % du total mondial et décline.

Or, dans *Le Monde* du 22 octobre, le WWF achète une page entière de publicité pour appeler la France à prendre « la tête de la marche pour le climat ». Dans le même numéro, deux pages plus loin, un autre appel du même type est lancé, sous la forme d'une demi-page de publicité, signée, notamment, de la Ligue pour la protection des oiseaux (LPO), de France Nature Environnement (FNE), de la FNH, des Amis de la Terre, etc.[3] Aucune publicité de ce genre n'est publiée pour appeler à des résultats positifs pour la COP CDB ou demander à la France d'y jouer un rôle moteur. Pourtant, les ONG signataires citées sont nées dans le but de se consacrer à l'enjeu de la protection de la nature et/ou portent même cette identité dans leur dénomination (« *wildlife* » pour le WWF, « oiseaux » pour la LPO, « nature » pour FNE et la FNH, « Terre » pour Les Amis de la Terre).

En outre, ce nouveau positionnement et cette évolution ne paraissent pas souhaités par les Français. En effet, au même moment, le changement climatique ne figure pas parmi « les trois causes sur lesquelles [ils] estime[nt] que le WWF est le mieux placé, le plus légitime pour agir efficacement ». Seuls 16 % des Français le pensent, soit nettement moins que pour « protéger la

3 *Le Monde*, 22 octobre 2014.

biodiversité et les espèces en danger » (68 %), « protéger les océans et lutter contre la pêche intensive de certaines espèces de poissons » (54 %) et « lutter contre la déforestation » (51 %). À l'inverse, le développement des ENR se classe dernier (5 %) et la réduction des consommations d'énergie septième (7 %)[4]. Entre 2008 et 2014, ce sont toujours les trois mêmes « causes », suivies de « préserver la qualité de l'eau et de l'air », pour lesquelles le WWF paraît le plus légitime, le changement climatique ne se plaçant qu'à la cinquième ou sixième positions avec 42 à 52 points de moins que la protection de la biodiversité, 32 à 41 points de moins que la déforestation et 25 à 41 points de moins que la protection des océans. Quant à la réduction de la consommation d'énergie et au développement des ENR, ils se classent, respectivement et systématiquement, septième (7 à 10 %) et dernier (5 à 7 %). De façon régulière, les Français évaluent donc, sans ambiguïté possible, la spécificité d'une ONG comme le WWF, sa légitimité à agir, les domaines dans lesquels son action peut être efficace. Il s'agit toujours de thèmes directement liés à la biodiversité. Il est d'autant plus frappant de constater à quel point cette ONG délaisse relativement ce sujet au profit de thèmes pour lesquels elle est considérée comme beaucoup moins légitime.

Enfin, cinquième évolution importante, des ONG humanitaires, de solidarité internationale, de développement, de lutte contre la pauvreté, de coopération Nord-Sud, voire des mouvements altermondialistes, incorporent peu à peu le changement climatique dans leurs actions et prises de position, principalement à partir des années 2000[5].

Or, le plus souvent, cette dernière catégorie d'ONG s'empare du thème climatique sans se saisir d'autres problématiques

4 Sondage IFOP, 31 octobre au 10 novembre 2014.

5 Par exemple le Comité catholique contre la faim et pour le développement (CCFD), créé en 1960, Solidaires, en 1981, CARE France, en 1983, Via Campesina, en 1993, Coordination Sud, en 1994, Oxfam, en 1995, Caritas, en 1997, Association pour la taxation des transactions financières et pour l'action citoyenne (Attac France), en 1998, Relocalisons, en 2008, etc.

environnementales ou faire le lien avec celles-ci. De ce fait, elles négligent ou sous-estiment ces autres questions d'environnement et les potentielles contradictions entre celles-ci et le thème du climat. Ces nouveaux acteurs contribuent aussi à « reproblématiser » le sujet climatique en tant que question Nord-Sud. C'est d'autant plus le cas que, bien qu'arrivés tardivement dans le débat, ils parviennent assez vite à s'y faire entendre. Ainsi, il est symptomatique de constater que, pour commenter les résultats de la vingtième Conférence des Parties de la Convention Climat à Lima, le journal télévisé de l'une des principales télévisions françaises donne la parole au directeur général de CARE France, de préférence à un représentant d'ONG environnementale ou spécialisée dans le changement climatique[6].

La restructuration des administrations de l'environnement en fonction du climat

Les évolutions résumées ci-dessus pèsent sur l'organisation des administrations chargées de l'environnement. Celles-ci sont réorganisées en fonction des enjeux climatique et énergétique.

En France, depuis de nombreuses années, les écologistes et les environnementalistes considéraient qu'une politique de développement durable ne pouvait être sérieusement conduite si le ministère qui en avait la charge ne disposait pas des leviers de la politique énergétique. C'est cette réforme qui est accomplie en 2007. Le grand ministère alors créé, rassemblant environnement, urbanisme, transports et logement, reconstitue (sans l'architecture, les secteurs sauvegardés, les abords des monuments historiques, etc.) le ministère de l'Environnement et du Cadre de vie (MECV) qui existait de 1978 à 1981. Celui-ci n'avait certes pas d'attribution en matière d'énergie. Au contraire, en 2007, les

6 France 2, journal de 20 heures du 14 décembre 2014. Voir aussi *Le Monde*, 23 septembre 2014 ; *Libération*, 13 et 14 décembre 2014 ; *Mediapart*, 14 décembre 2014.

compétences en matière d'énergie et de climat sont réunies au sein du nouveau ministère. La Direction générale de l'énergie et des matières premières (DGEMP), dépendant auparavant du ministère de l'Économie ou de celui de l'Industrie, devient la Direction générale de l'énergie et du climat (DGEC) transférée au ministère en charge de l'environnement.

Au sein de la Commission européenne, en 2010, les attributions du commissaire à l'environnement se voient réduites, les compétences en matière de climat étant transférées au commissaire à l'action pour le climat, poste créé. Au même moment, une Direction générale « action climat », regroupant des services des anciennes Directions générales environnement, action extérieure, entreprises et industrie, est créée, ainsi qu'une Direction générale énergie qui prend ainsi son autonomie par rapport à l'ancienne Direction générale transports et énergie. La même structure est conservée dans la Commission Juncker, à partir de décembre 2014, bien qu'au sein du Collège des commissaires, le même commissaire ait compétence pour le climat et l'énergie.

La focalisation médiatique sur le climat

Jusqu'à la fin des années 1990, les rubriques environnement des médias accordaient une place mesurée au changement climatique. À l'inverse, l'actualité relative à ce sujet en est venue à constituer l'essentiel de ces rubriques depuis, les autres thèmes environnementaux se trouvant parfois relégués au second plan. Ainsi en est-il, par exemple, dès 1997, de la couverture du sommet de Kyoto. Ainsi en est-il également du sommet de Copenhague en 2009, qui aboutit pourtant à un échec, alors que celui de la CDB à Nagoya, un an plus tard, parvenant à un accord important sur l'un des principaux enjeux Nord-Sud de l'époque, n'est que très modestement traité. En septembre 2009, *Le Monde* dépêche pas moins de trois envoyés spéciaux pour couvrir le sommet des Nations unies, qui n'est qu'une réunion préparatoire à la COP de Copenhague[7].

Il en va de même pour l'actualité nationale. Sous le quinquennat de François Hollande, deux lois importantes relatives à l'environnement sont préparées, rédigées, adoptées en Conseil des ministres puis examinées par le Parlement, l'une sur la transition énergétique, l'autre sur la biodiversité. La couverture de ces deux textes par les médias est sans commune mesure. Pourtant, le second contient des dispositions importantes et novatrices comme, par exemple, l'instauration d'un mécanisme d'accès et de partage des avantages de la biodiversité, en application du protocole de Nagoya.

Non seulement les médias français accordent une place très supérieure au changement climatique par rapport aux autres problèmes environnementaux, mais ils l'isolent de ceux-ci, le traitant de façon autonome, sans voir ou mettre en évidence ses relations avec eux ou en faisant du premier un facteur des seconds. Ainsi le changement climatique est-il parfois présenté comme une cause importante de l'érosion de la biodiversité, du déboisement, de la dégradation des sols, de l'accentuation de certaines pollutions atmosphériques, etc. Mais, en réalité, le changement climatique est la conséquence de ces dégradations avant d'en être la cause. Le déboisement, la mise en culture des prairies, l'assèchement des zones humides déstockent du carbone et freinent son absorption. L'industrie, les transports, le résidentiel et le tertiaire émettent des GES, etc.

Les médias anglo-saxons adoptent souvent une approche plus équilibrée et globale des questions d'environnement que leurs équivalents français. Le dessin reproduit ci-après symbolise cette différence d'approche. Il n'a pas été publié dans la presse militante ou spécialisée mais dans *The Economist*[8], organe de référence de l'*establishment* international à l'occasion du Jour de

7 Voir par exemple *Le Monde*, 24 septembre 2009.

8 *The Economist*, 18 avril 2015.

la Terre 2015. Il adopte une approche large, holistique des sujets environnementaux. Il met aussi au premier plan des sujets mal ou peu traités par les médias français. Soit car ceux-ci les négligent (destruction des habitats), soit car il est considéré comme politiquement incorrect ou inhabituel de les traiter en lien avec leurs conséquences environnementales (guerre, surpopulation). Enfin, suivant une lecture occidentale, c'est-à-dire de gauche à droite, les sujets d'abord mis en avant, sur lesquels se porte en premier le regard et sur lesquels on suppose donc que le dessinateur a voulu insister, sont la destruction des espèces et des habitats. À l'inverse, le changement climatique, situé à l'extrême droite et sortant du pot d'échappement, est bien représenté comme une production de l'activité humaine et un *output* des autres pressions de l'homme sur l'environnement, non comme sa cause. Il semble également figuré comme additionnel aux autres impacts humains sur l'environnement et non considéré comme les oblitérant ou les surpassant en importance ou en urgence.

D.R.

En outre, les médias français en viennent parfois, en se trompant factuellement et donc en délivrant une information erronée à leur public, à assimiler tout événement sur l'environnement à la politique climatique. Pour ne prendre qu'un exemple récent, le 27 novembre 2014, France Info annonce à ses auditeurs : « C'est le rendez-vous du climat[9] », alors qu'il s'agit de l'édition 2014 de la Conférence environnementale qui, cette année-là, traite de trois sujets : « environnement et santé », « transport et mobilité durable » et « mobilisation nationale vers la COP21 du climat et de la biodiversité ». De même, l'enjeu climatique domine tellement les autres sujets environnementaux que de nombreux journalistes emploient l'expression « transition énergétique » pour évoquer la « transition écologique », confondant allègrement les deux notions.

La façon dont les médias traitent du changement climatique et le rythme avec lequel ils le font constituent une illustration de leurs fonctions d'agenda et d'amorçage. Dans le premier cas, par l'importance accordée à un sujet et sa répétition, ils influent sur les préoccupations de l'opinion[10]. Dans le second, en se focalisant sur tel ou tel sujet, les médias incitent l'opinion à l'utiliser comme critère d'évaluation d'une situation ou d'une politique publique[11]. Ces effets, notamment le second, paraissent s'appliquer dans le cas du changement climatique. L'évolution de la situation dans ce domaine, les progrès des politiques climatiques ou les stagnations des négociations internationales en la matière semblent, parfois, constituer les critères de jugement des politiques environnementales en général.

---

9 France Info, 27 novembre 2014, journal de 5 h 30.

10 Maxwell McCombs, Donald Shaw, « The Agenda-Setting Function of Mass Media », *The Public Opinion Quarterly*, vol. 36, n° 2, Été 1972.

11 Shanto Iyengar, Donald Kinder, *News That Matters*, The University of Chicago Press, 1987.

Le climat est devenu la priorité des politiques publiques d'environnement

Lorsqu'une ancienne mais récente ministre de l'Écologie publie un récit de son expérience ministérielle, il est symptomatique de constater qu'en dehors des considérations personnelles ou de politique intérieure, plus des trois quarts de la place occupée par la politique publique conduite sont consacrés au thème énergie-climat[12]. On n'y trouve rien sur le paysage, l'éducation à l'environnement, le bruit, les sites, l'affichage, l'étalement urbain, les sols, la recherche en environnement, etc. La différence avec le contenu du livre de Robert Poujade, publié quarante ans plus tôt, est saisissante.

Pourtant, bien qu'il semble, aujourd'hui, la priorité de la politique environnementale, le changement climatique n'est qu'un enjeu récent de politique publique. Il ne commence à le devenir que dans les années 1990. Encore est-ce de façon lente et hésitante. Ainsi, le baromètre IRSN (Institut de radioprotection et de sûreté nucléaire) n'inclut « les bouleversements climatiques » dans sa liste de préoccupations que depuis 2004. De même, les enquêtes CREDOC-SOeS « Conditions de vie et aspirations des Français », conduites depuis 1994, n'ajoutent, parmi les réponses possibles à la question « Quelles sont, selon vous, les deux actions que l'État doit mener en priorité dans le domaine de l'environnement ? », un item « lutte contre le réchauffement de la planète » qu'à partir de 2007.

En termes d'action publique, c'est toutefois bien avant la création du grand ministère incluant la Direction générale de l'énergie et du climat que le ministère chargé de l'environnement considère les politiques d'énergie et du climat comme prioritaires et cherche à les influencer. Il tente de le faire par les divers

12 Delphine Batho, *Insoumise*, Grasset, 2014.

moyens dont il dispose : concertation interministérielle sur les projets de lois et de décrets, études d'impact, évaluation environnementale, application du principe d'intégration de l'environnement dans les politiques publiques à l'énergie, etc. Rien là que de très normal puisque ces fonctions de concertation, d'évaluation et d'intégration font partie de son rôle. Toutefois, alors qu'il peut les exercer pour toutes les politiques sectorielles, il semble consacrer beaucoup de temps et un soin particulier à l'énergie et au climat.

Ainsi, les différents projets de textes qui se succèdent dans le domaine de l'énergie recueillent une attention particulière du ministère durant leur phase d'élaboration[13]. En outre, pour les projets de loi concernant d'autres secteurs, les aspects relatifs aux GES semblent parfois, sinon souvent, analysés plus en détail que les autres aspects environnementaux.

En matière d'indicateurs, non seulement le nombre de tonnes de CO_2 (ou équivalent CO_2) émises ou évitées tend à devenir prépondérant dans les politiques publiques environnementales, mais il est, parfois, le seul indicateur d'efficacité environnementale. Pour ne prendre qu'un exemple, analysant « les efficacités énergétiques et environnementales des modes de transport », l'Agence de l'environnement et de la maîtrise de l'énergie (Ademe) retient comme indicateurs, respectivement, les grammes d'équivalent pétrole par passager au kilomètre et les grammes de CO_2 par passager au kilomètre[14]. L'efficacité environnementale se résume donc aux seules émissions de CO_2, omettant les pollutions de l'air, de l'eau, du sol, le bruit, les impacts sur la biodiversité, les paysages, etc. Un mode de transport moins émetteur en grammes de CO_2 par passager au

13 Loi du 10 février 2000 sur la modernisation et le développement du service public de l'électricité, décrets du 6 décembre 2000 et du 10 mai 2001 sur l'obligation d'achat de l'électricité, arrêtés Pierret de 2001 sur les conditions d'achat de l'électricité d'origine renouvelable, loi de programmation fixant les orientations de la politique énergétique (POPE) du 13 juillet 2005, loi sur la nouvelle organisation du marché de l'électricité (NOME) du 7 décembre 2010, etc.

14 Étude Ademe, *Efficacités énergétique et environnementale des modes de transport*, 2008.

kilomètre sera donc considéré comme plus efficace du point de vue de l'environnement qu'un mode plus émetteur de CO_2 mais moins polluant pour l'air, l'eau et le sol, moins bruyant, dégradant moins la biodiversité et les paysages. Pourtant, l'auteur de cette étude a pour nom « Agence de l'environnement et de la maîtrise de l'énergie », laquelle est bien compétente en matière de qualité de l'air, de pollution des sols, de déchets, de bruit, etc. En outre, la légitimité de l'Ademe, établissement public de référence en matière d'environnement, ne peut qu'inciter le lecteur de ce type d'études à assimiler efficacité environnementale et seules émissions de CO_2.

Cet indicateur est parfois le seul à être commenté dans les médias et, en tout cas, y occupe une place disproportionnée par rapport à d'autres. Son primat et sa simplicité contribuent, en retour, à focaliser l'attention des différents acteurs – gouvernements, administrations et ONG – sur cet aspect des politiques environnementales et à renforcer les effets d'agenda et d'amorçage. Pourtant, si les indicateurs sont délicats en matière de paysage par exemple, ils existent et sont faciles à mettre en œuvre dans les domaines du bruit, de la pollution de l'eau et de l'air, etc.

De même, les méthodes d'évaluation utilisées par l'État privilégient nettement les aspects climatiques sur d'autres questions environnementales. Par exemple, l'analyse socio-économique des projets, notamment pratiquée dans le domaine des transports, vise à mesurer non pas la seule rentabilité financière d'un projet mais son bilan coûts/avantages pour la société. Pour ce faire, elle ajoute aux prévisions financières les externalités tant positives (temps gagné, baisse des accidents, accès à un équipement collectif, etc.) que négatives (dommages environnementaux, sanitaires et sociaux). Pour pouvoir aboutir à un bilan socio-économique aussi global et précis que possible, l'évaluation doit naturellement prendre en compte la totalité des externalités. Or, en France, depuis les deux rapports Boiteux, elle se résume à celles causées par le CO_2, le bruit et la pollution atmosphérique[15]. Les atteintes au paysage, à l'eau, à la biodiversité ne sont pas prises en compte, ce qui a conduit, jusqu'ici, à les négliger et, *de facto*, à les sous-évaluer grandement dans les évaluations socio-économiques, au bénéfice du CO_2.

La « vampirisation » des politiques de l'environnement et du développement durable par la politique climatique aboutit également à ce qu'elles se trouvent parfois assimilées, à tort, dans des analyses officielles émanant d'institutions prestigieuses. Cela semble être le cas, par exemple, dans le rapport de la Cour des comptes sur la mise en œuvre par la France du paquet énergie-climat (PEC), en 2013. Ainsi, la Cour considère-t-elle que le Commissariat général au développement durable (CGDD) qui élabore et suit la Stratégie nationale du développement durable (SNDD) et assure le secrétariat du Conseil national du développement durable (CNDD) et du Comité interministériel du développement durable (CIDD) devrait être supprimé et que le secrétariat du CIDD devrait relever de la DGEC[16]. On peut choisir de supprimer ou de maintenir le CGDD pour telle ou telle raison. Mais la proposition effectuée étonne. En effet, la Cour semble assimiler politique climatique et développement durable et réduire le second à la première qui n'en est qu'une partie.

Le Grenelle de l'environnement offre un exemple récent intéressant d'une politique publique qui, malgré son nom, s'ordonne essentiellement autour du climat et de l'énergie, plus que de l'environnement.

15 Marcel Boiteux et al., *Transports : pour un meilleur choix des investissements*, La Documentation française, 1994 ; Marcel Boiteux, Luc Baumstarck, *Transports : choix des investissements et coûts des nuisances*, La Documentation française, 2001.

16 Cour des comptes, *La Mise en œuvre par la France du paquet énergie-climat*, Cour des comptes, 2013.

\ Grenelle de l'environnement ou Grenelle du climat ?

Dès la constitution du grand ministère, en 2007, ce sont clairement les politiques énergétique et climatique qui représentent la très grande majorité de l'expression et de l'action du nouveau ministre, au plan national comme international. Au niveau international, il dédie l'essentiel de son attention aux sommets sur le climat (Bali, New York, Copenhague). Au plan national, il se consacre surtout au Grenelle de l'environnement dans lequel les revendications liées à l'énergie et au climat sont prédominantes à l'inverse des volets biodiversité, eau, évaluation environnementale, etc.

Les lois Grenelle sont essentiellement axées sur le changement climatique. Tant en termes d'objectifs affichés que d'exemplarité de l'État affirmée ou de moyens annoncés, tout tourne autour de ce sujet. L'essentiel des articles concerne directement ou indirectement ce thème : objectif général des lois, adaptation du droit de la commande publique, utilisation du Livret de développement durable (LDD), retrait des ampoules à forte consommation, covoiturage, plans climat-énergie territoriaux, performance énergétique des bâtiments, densification, étiquetage énergétique, certificats d'économie d'énergie, autonomie énergétique, seuils d'énergies renouvelables, réglementation thermique adaptée dans les DOM, insertion de dispositions relatives aux GES et aux économies d'énergie dans le code de l'urbanisme, priorité aux transports de fret peu émetteurs de CO_2 et au fer pour les transports de personnes, redevance poids lourd, etc. En outre, la majorité des financements du Grenelle est affectée aux secteurs supposés liés au climat (économies d'énergies, énergies renouvelables, transports ferroviaires et fluviaux, etc.) et non à la biodiversité, aux paysages ou à la pollution de l'air et des sols.

La déclinaison du développement durable que tentent d'accomplir ces lois s'effectue, d'abord et avant tout, *via* la lutte contre le changement climatique. À l'inverse, d'autres pans de l'environnement y sont réduits à la portion congrue. Même en dehors de ces deux lois, la plupart des mesures prises à cette époque, à leur suite ou parallèlement, voire avant elles, dans les lois de finance notamment, se concentrent également sur cet aspect.

Le bonus-malus, le super-bonus, la prime à la casse et la taxe sur les véhicules de société (TVS) ne sont modulés qu'en fonction des émissions de CO_2, pas des autres polluants émis. L'éco-prêt à taux zéro (éco-PTZ), le « verdissement » du PTZ et du régime fiscal de l'investissement locatif ne prennent en compte que des critères énergétiques. Ils négligent, par exemple, la qualité de l'air intérieur ou la localisation du logement (et donc les aspects consommation de foncier, paysage, étalement urbain).

L'hydroélectricité est relancée au motif qu'elle n'émet presque pas de GES, mais en négligeant ses impacts sur la biodiversité et les paysages. Les objectifs d'émission de CO_2 fixés pour les véhicules n'apportent pas de solutions aux autres problèmes environnementaux qu'ils engendrent : consommation totale d'énergie et émissions de polluants en analyse de cycle de vie (ACV), recyclage du véhicule, trafic et congestion, accidents, performances environnementales des véhicules individuels globalement moins bonnes que celles du transport collectif, impact du trafic routier sur la biodiversité, l'eau et les paysages, nuisances sonores, artificialisation des sols due aux parkings et aux infrastructures, provenance et impacts environnementaux des carburants de substitution (électricité, bio-carburants, etc.).

La dépense publique privilégie la politique climatique

La politique climatique tend également à attirer une part importante des dépenses de l'État en faveur de l'environnement.

Selon le document de politique transversale (DPT) « Lutte contre le changement climatique », annexé au projet de loi de finances (PLF) pour 2015, l'effort de l'État (dépenses budgétaires plus dépenses fiscales) dans ce domaine s'élève à 3,5 milliards d'euros[17]. Utilisant une approche plus large, un rapport rédigé dans le cadre du débat sur la transition énergétique estime les contributions de l'État à la transition énergétique à 19,8 milliards d'euros.

Même si les chiffres ne sont pas directement comparables car les notions et agrégats sont différents, en regard, au sein du PLF pour 2015, les dépenses (hors recherche) consacrées à l'air représentent moins de 37,1 millions d'euros et celles dédiées à la biodiversité et au paysage confondus 859 millions d'euros[18].

On observe le même décalage en ce qui concerne l'aide publique au développement (APD). Si l'on considère les deux grands enjeux environnementaux globaux, on constate que, en 2012, l'APD des pays du Comité d'aide au développement (CAD) de l'OCDE finance davantage de projets climatiques (21,5 milliards de dollars) que de projets dans le domaine de la biodiversité (5,2 milliards de dollars. Mais cette tendance est bien davantage marquée en France. L'APD bilatérale française liée au climat s'élève à 3,705 milliards de dollars, soit 35 % du total de l'APD, tandis que celle liée à la biodiversité ne s'établit qu'à 443,9 millions de dollars, soit 4 %. L'APD à la biodiversité est plus de huit fois moindre que celle liée au climat, contre 3,8 fois moins seulement pour les États du CAD de l'OCDE. Cet écart ne résulte pas d'un hasard conjoncturel. Il semble assumé et bien établi. De fait, entre 2010 et 2012, la France a consacré en moyenne un peu moins de 30 % de son APD bilatérale au changement climatique mais seulement 4 % à la biodiversité. Au sein des pays de l'OCDE, l'engagement français de 24 % de l'APD consacré à l'atténuation

17 République française, *Lutte contre le changement climatique*, document de politique transversale, annexe au projet de loi de finances pour 2015.

18 République française, *État récapitulatif de l'effort financier consenti en 2014 et prévu en 2015 au titre de la protection de l'environnement*, annexe au projet de loi de finances pour 2015.

du changement climatique est le troisième plus ambitieux. En revanche, la part de l'APD consacrée à la biodiversité ne situe la France qu'en treizième position[19]. En outre, dans les crédits d'APD liée au changement climatique, celui-ci constitue l'objectif principal de l'aide pour 83 % des montants et un objectif significatif pour 17 %. En ce qui concerne l'aide liée à la biodiversité, les proportions sont inverses : pour 28 %, soit 124,5 millions de dollars seulement, la biodiversité constitue l'objectif principal, et pour 72 %, un objectif significatif. Dans les pays du CAD de l'OCDE, les proportions sont davantage équilibrées.

Tableau 1 : Aide publique bilatérale au développement en 2012*

	Changement climatique	**Biodiversité**	**Rapport**	**Objectif principal *versus* significatif**	
				changement climatique	**biodiversité**
CAD/OCDE	21,5 milliards de dollars	5,2 milliards de dollars	X 3,8	59 % / 41 %	59 % / 41 %
France	3,705 milliards de dollars	443,9 millions de dollars	X 8,3	83 % / 17 %	28 % / 72 %

* Tableau constitué par l'auteur à partir des données du Comité d'aide au développement (CAD) de l'OCDE.

19 www.oecd.org/dac/stats/rioconventions.htm

\ Une politique d'écofiscalité concentrée sur l'énergie et le CO_2

Le ministère français chargé de l'environnement et du développement durable tend à ce point à identifier protection de l'environnement et lutte contre le changement climatique que lorsque Eurostat demande aux États membres de l'UE un *reporting* des dépenses fiscales dommageables à l'environnement, il dresse et envoie une liste des seules dépenses fiscales favorables aux énergies fossiles, omettant les autres[20].

L'énergie et le CO_2 occupent une place prépondérante, voire disproportionnée, dans l'écofiscalité. En France, les taxes sur l'énergie génèrent 78 % des recettes des taxes environnementales[21].

Depuis une vingtaine d'années, l'essentiel des débats sur l'écofiscalité et les tentatives de réformes dans ce domaine tourne autour de la taxation du CO_2, de l'introduction d'une « taxe carbone », ou « contribution climat énergie », d'une « taxe carbone aux frontières » ou « taxe extérieure carbone ». Les différentes commissions mises en place pour effectuer des propositions en matière d'écofiscalité se sont toutes concentrées sur ce sujet au détriment de la fiscalité des polluants atmosphériques, de l'eau, des déchets, de la biodiversité, du paysage, du bruit.

Pourtant, si les taxes sur l'énergie représentent plus des trois quarts des produits de la fiscalité environnementale, cela signifie, *a contrario*, qu'elle est peu développée dans d'autres domaines, dans lesquels existe donc une marge d'action (eau, déchets, biodiversité, paysage, étalement urbain, pêche, autres ressources

---

20 CGDD, *La Fiscalité environnementale en France : un état des lieux*, avril 2013.

21 CGDD, « Les recettes fiscales environnementales en 2012 », *Chiffres & statistiques*, n° 466, novembre 2013.

naturelles, etc.). Par ailleurs, l'idée qu'il faille ajouter une composante CO_2 à la taxation de l'énergie ou restructurer celle-ci en fonction de son contenu en CO_2 apparaît bien trop simpliste. L'utilisation de certaines énergies génère, au-delà du CO_2, de nombreux polluants, dont certains sont très nocifs à la santé et/ou à l'environnement. On ne comprend guère pourquoi ceux-ci devraient être négligés dans une réforme de la fiscalité de l'énergie qui ne s'ordonnerait qu'autour de son contenu en CO_2.

Il en est de même à l'échelle européenne. Les accises sur les carburants et les combustibles sont encadrées par la directive 2003/96/CE. Celle-ci fait l'objet de critiques car elle fixe des taux non internalisants, globalement trop bas, et prévoit en outre beaucoup d'exceptions à ces taux, pourtant déjà faibles. La Commission a publié, en 2011, une proposition de modification de cette directive pour tenter d'atténuer certains de ses défauts. La taxation de l'énergie serait fondée sur deux éléments : le contenu énergétique de chaque produit pour favoriser les plus efficaces et le contenu en CO_2 (20 euros par tonne de CO_2)[22]. Parmi les différentes émissions issues de l'utilisation de carburants et combustibles, seul le CO_2 servirait donc de base à cette formule rénovée de taxation. Cette proposition constitue, certes, un progrès par rapport à la directive actuelle. Mais il est frappant de constater qu'aucun des autres polluants émis par l'usage des énergies fossiles n'est pris en considération pour forger cette nouvelle structure de taxation. Pourtant, certains d'entre eux sont aussi nocifs pour l'environnement et/ou la santé que le CO_2, si ce n'est plus.

Une révision sur ces bases pourrait aboutir à favoriser des carburants ou combustibles faiblement émetteurs de CO_2 mais rejetant d'autres polluants en quantité importante, et donc globalement plus dommageables à la santé et/ou à l'environnement.

22 Commission européenne, *Proposition de directive du Conseil modifiant la directive 2003/96/CE du Conseil restructurant le cadre communautaire de taxation des produits énergétiques et de l'électricité*, COM (2011) 169, 2011.

CHAPITRE 2

Le changement climatique constitue-t-il le problème d'environnement mondial le plus important ?

D'autres questions environnementales semblent d'une importance équivalente, voire supérieure

Il est malaisé d'établir une « hiérarchie » objective parmi les différentes questions d'environnement qui se posent actuellement, celle-ci dépendant des critères ou des indicateurs choisis. Sans prétendre à un tel exercice, la comparaison rapide avec trois autres types de problèmes environnementaux fournit quelques repères.

La pollution de l'air

Les polluants atmosphériques détériorent les milieux naturels (acidification des sols et de l'eau, formation de l'ozone, accumulation de métaux lourds dans les végétaux puis concentration dans la chaîne alimentaire, diminution de la croissance des plantes, de la biodiversité et de la productivité des écosystèmes). Surtout, ils engendrent des effets importants sur la santé humaine.

Les composés organiques volatils non méthaniques (COVNM) et les hydrocarbures aromatiques polycycliques (HAP) recèlent des composants cancérogènes. Les HAP, l'hexacholorobenzène (HCB) et les polychlorobiphényles (PCB) sont des polluants organiques persistants (POP). L'arsenic, le cadmium, le chrome, le cuivre, le mercure, le plomb et le zinc, métaux lourds, peuvent affecter le système nerveux, les fonctions rénales, hépatiques, respiratoires. L'ozone, le dioxyde d'azote (NO_2), le monoxyde de carbone (CO), les particules fines (PM) augmentent le risque et la mortalité cardiovasculaire et entraînent des maladies respiratoires. Le dioxyde de soufre (SO_2) suscite ou accroît les symptômes respiratoires (toux, asthme, bronchites).

Les particules fines figurent parmi les polluants les plus préoccupants. Elles sont classées cancérogènes par l'OMS et engendrent des risques de mortalité, même à des niveaux d'exposition relativement faibles. Elles favorisent également les maladies cardio-vasculaires et les bronchites chroniques. Alors que les émissions des moteurs Diesel étaient répertoriées depuis 1988 parmi les cancérogènes probables par le Centre international de recherche sur le cancer (CIRC) de l'OMS, celui-ci les a classées parmi les cancérogènes certains en 2012[1]. En 2013, c'est l'ensemble de la pollution de l'air ambiant (notamment ozone, oxydes d'azote (NO_x), SO_2,

1 CIRC, OMS, « La pollution atmosphérique, une des premières causes environnementales de décès par cancer, selon le CIRC », communiqué de presse n° 211, 17 octobre 2013.

benzène, NH_3, particules dans leur ensemble) que le CIRC a défini comme cancérogène certain[2].

Les impacts sanitaires liés à la pollution atmosphérique sont donc de mieux en mieux connus et de plus en plus établis. La santé cardiovasculaire et respiratoire apparaît inversement proportionnelle à l'exposition à la pollution atmosphérique. Sa diminution réduit les AVC, les cancers du poumon, les affections respiratoires, les cardiopathies. En outre, les études récentes tendent à suggérer, d'une part, une association de l'exposition avec d'autres pathologies (cancer de la vessie, diabète, athérosclérose, naissances prématurées, faible poids à la naissance, atteinte aux fonctions cognitives) et, d'autre part, des effets, même à des niveaux de pollution très bas, y compris inférieurs aux valeurs limites réglementaires ou recommandées, pour certains polluants[3].

Aujourd'hui, la pollution de l'air est donc considérée comme le principal risque environnemental pour la santé dans le monde et comme la principale cause de mort prématurée[4]. Le nombre de décès prématurés qu'elle engendre ne cesse d'être revu à la hausse.

Selon l'OMS, la pollution atmosphérique a entraîné 7 millions de morts prématurés dans le monde en 2012, dont 3,7 millions du fait de la pollution de l'air extérieur[5]. En 2010, la pollution par les particules fines causait déjà plus de décès prématurés que la malaria. Ceux dus à la pollution de l'air par les particules et par l'ozone devraient plus que doubler d'ici 2050. Dans le même temps, ceux dus à la malaria devraient être divisés

---

2 CIRC, OMS, « Les gaz d'échappement des moteurs Diesel cancérigènes », communiqué de presse n° 213, 12 juin 2012.

3 World Health Organization (WHO), *Review of Evidence on Health Aspects of Air Pollution – REVIPHAAP*, WHO, 2013.

4 WHO, *Burden of Disease from the Joint Effects of Household and Ambient Air Pollution for 2012: Summary of Results*, WHO, 2014, www.who.int

5 WHO, *ibid.* ; Stephen Lim, « A Comparative Risk Assessment of Burden of Disease and Injury Attributable to 67 Risk Factors Clusters in 21 Regions, 1990–2010: A Systematic analysis for the Global Burden of Disease Study 2010 », *The Lancet*, 2012.

par deux malgré une population croissante[6]. Pourtant, les effets de la pollution de l'air sont probablement sous-estimés, soit car certains polluants restent peu mesurés, soit car les impacts de certaines substances demeurent mal connus.

Or, certaines des actions entreprises par la puissance publique pour diminuer les émissions de GES ne génèrent pas, en tant que telles, de diminution des émissions des polluants atmosphériques susmentionnées, dangereuses pour la santé.

L'érosion de la biodiversité

La communauté scientifique internationale attribue à l'érosion de la biodiversité une importance équivalente à celle du changement climatique. Elle considère également qu'à l'inverse d'autres questions d'environnement, essentiellement locales, le changement climatique et la biodiversité sont deux problèmes globaux d'environnement, signe supplémentaire de leur nature voisine et de leur importance analogue.

Le rythme de disparition des espèces est de cent à mille fois plus rapide que le rythme habituel. Plus d'un tiers des espèces évaluées est menacé d'extinction et plus de 60 % des services écosystémiques sont endommagés[7]. Cette situation ne constitue pas forcément, aux yeux du profane, une raison suffisante pour considérer la préservation et la gestion rationnelle de la biodiversité comme un enjeu majeur des politiques d'environnement.

Quatre motifs sont peut-être plus facilement compréhensibles. D'abord, la valeur de la biodiversité apparaît considérable. À l'échelle mondiale, les services écosystémiques étaient évalués,

---

6 OCDE, *Perspectives de l'environnement de l'OCDE à l'horizon 2050*, 2012.

7 Millennium Ecosystem Assessment (MEA), *Ecosystems and Human Well Being: Synthesis*, WRI, 2005 ; Union internationale pour la conservation de la nature (UICN), *Liste rouge des espèces menacées*, 2014, www.iucn.org ; The Economics of Ecosystems and Biodiversity (TEEB), *TEEB for National and International Policy Makers*, TEEB, UNEP, 2009.

en 1995, à 33000 milliards de dollars par an[8]. La méthodologie de cette étude ayant fait l'objet de critiques, son actualisation, répondant à certaines d'entre elles, estime la valeur annuelle des services écosystémiques mondiaux à 125 000 milliards de dollars en 2011[9].

La seule valeur mondiale de la pollinisation effectuée par les insectes est évaluée à 153 milliards de dollars par an[10] ; celle de la première vente des pêches à 98 milliards de dollars par an[11] ; celle des récifs coralliens à 30 milliards de dollars par an[12].

La surexploitation de la majorité des stocks halieutiques est parfois désignée sous l'appellation imagée de « changement climatique sous la mer ». Cette dénomination symbolise, à elle seule, l'importance de l'érosion de la biodiversité par rapport au changement climatique.

Ensuite, la biodiversité contient une valeur d'option qui disparaît avec elle. C'est d'autant plus le cas que 25 % à 50 % des produits pharmaceutiques aujourd'hui en vente dans le monde découlent directement des ressources génétiques. De la pervenche de Madagascar, de l'if du Pacifique ou de l'éponge des Caraïbes ont été extraits des médicaments anticancéreux. L'aspirine fut, initialement, extraite de l'écorce du saule. La pénicilline est issue d'un champignon microscopique, etc.

Or, une faible partie de la biodiversité existante (1,8 million d'espèces sur 10 à 15 millions le plus souvent estimées) est aujourd'hui connue. Une bien plus faible partie encore a été

---

8 Robert Costanza *et al.*, « The Value of the World's Ecosystem Services and Natural Capital », *Nature*, vol. 387, 15 mai 1997.

9 Robert Costanza et al., « Changes in the Global Value of Ecosystem Services », *Global Environmental Change*, vol. 26, mai 2014.

10 Nicola Gallai *et al.*, « Economics Valuation of the Vulnerability of World Agriculture Confronted with Pollinator Decline », *Ecological Economics*, 2009, vol. 68, n° 3, janvier 2009.

11 Organisation des Nations unies pour l'alimentation et l'agriculture (FAO), *La Situation mondiale des pêches et de l'aquaculture*, FAO, 2012.

12 Herman Cesar, Lauretta Burke, Lida Pet-Soede, *The Economics of Worldwide Coral Reef Degradation*, Cesar Environmental Economics Consulting-WWF-Netherlands, 2003, http://assets.panda.org/downloads/cesardegradationreport100203.pdf

suffisamment étudiée pour en saisir les éventuelles propriétés médicinales. Un nombre important d'espèces ont disparu, disparaissent et vont continuer à disparaître avant qu'elles ne soient connues ou étudiées. Parmi ces espèces s'en trouvent certaines dont on aurait pu tirer des substances utiles pour traiter des maladies qu'on ne sait pas soigner aujourd'hui ou permettant d'accélérer la mise au point de molécules ou favorisant la conception de nouveaux médicaments plus efficaces ou moins coûteux ou engendrant des effets secondaires moins lourds que ceux existant aujourd'hui.

En outre, de nouvelles disciplines, telles que la zoopharmacologie ou le biomimétisme apparaissent, et leurs perspectives semblent prometteuses.

Par ailleurs, la biodiversité et le climat sont étroitement liés. Ils interagissent l'un avec l'autre. La biodiversité délivre gratuitement deux services écosystémiques essentiels en matière climatique. Elle constitue un puits à carbone et elle peut amoindrir les impacts du changement climatique. L'érosion de la biodiversité amoindrit ces deux fonctions et renforce donc le coût des politiques d'atténuation et d'adaptation. À l'inverse, des politiques de protection, de gestion et de restauration de la biodiversité peuvent contribuer à atténuer les émissions nettes de GES, par conservation des stocks et absorption des flux de carbone, et à faciliter l'adaptation aux effets du changement climatique, en outre, souvent à un coût moindre que celui d'autres techniques. Ce lien est de plus en plus affirmé dans les textes officiels internationaux. À titre d'exemple, l'objectif D15 d'Aichi indique : « D'ici à 2020, la résilience des écosystèmes et la contribution de la diversité biologique aux stocks de carbone sont améliorées, grâce aux mesures de conservation et restauration, y compris la restauration d'au moins 15 % des écosystèmes dégradés, contribuant ainsi à l'atténuation des changements climatiques et l'adaptation à ceux-ci, ainsi qu'à la lutte contre la désertification[13] ».

---

13 Convention sur la diversité biologique, *Plan stratégique pour la diversité biologique 2011-2020 et les objectifs d'Aichi*, 2010.

Enfin, la biodiversité représente une part importante du « PIB des pauvres ». Les catégories favorisées peuvent plus facilement acheter des substituts pour compenser la perte des services écosystémiques et produits de la biodiversité que ne peuvent le faire les plus pauvres. La dégradation, la mauvaise gestion ou la surexploitation des ressources naturelles désavantage donc ces derniers.

Pour toutes ces raisons, la connaissance, la préservation et la gestion durable et rationnelle de la biodiversité apparaissent comme un enjeu d'importance analogue à celui du changement climatique.

La dégradation des sols

Le bon état des sols constitue le fondement des services écosystémiques, du développement agricole et de la sécurité alimentaire, voire de la lutte contre la pauvreté, notamment dans les pays en développement.

Trois conventions importantes sont issues du Sommet de la Terre de Rio, en 1992 : la Convention Cadre des Nations unies sur les changements climatiques (CNUCC), la CDB et la Convention des Nations unies sur la lutte contre la désertification (CLD). Ces trois sujets étaient considérés sur un pied d'égalité à l'époque. La CLD allait au-delà de la seule désertification *stricto sensu*, mentionnant la dégradation des terres, l'érosion des sols, la détérioration des propriétés physiques, chimiques et biologiques des sols, etc.

L'évaluation de la surface des sols dégradés et de son rythme d'évolution est difficile et varie selon le type de sols considérés, les sources, etc. L'Organisation des Nations unies pour l'alimentation et l'agriculture (FAO) estime que 33 % des sols sont aujourd'hui dégradés par l'érosion, l'aridification, la salinisation, le compactage, la pollution chimique, l'épuisement des substances nutritives. Certains le semblent de façon irréversible ou ne pourraient être réhabilités qu'au prix d'investissements très coûteux. Le rythme annuel de perte de sols durant les quarante prochaines années serait de 3,5 millions d'hectares pour les terres cultivées et de 10 à 12 millions d'hectares tous sols compris.

La dégradation des sols est parfois accentuée par le changement climatique. Mais celle-là contribue à celui-ci. La relation est donc à double sens. Cette détérioration est généralement causée par des activités humaines non soutenables ou inappropriées, notamment par certaines pratiques agricoles induisant une perte de matières organiques. Ainsi, les sols cultivés dans le monde ont perdu entre 50 et 70 % de leur stock de carbone originel[14]. La dégradation des sols est également étroitement liée à l'érosion de la biodiversité. Elle menace directement la santé et la subsistance d'environ 1,5 milliard de personnes[15].

L'importance du sujet a conduit le sommet Rio+20 à appeler à une neutralité de la dégradation des sols à l'échelle mondiale et l'Assemblée générale de l'ONU, en 2013, à faire du 5 décembre la journée mondiale des sols et de 2015 l'année internationale des sols[16]. De même, l'UE s'est fixé un objectif de zéro perte nette de terres à l'horizon 2050.

Le changement climatique ne semble pas considéré comme le problème le plus important par les grandes organisations internationales

Les grandes organisations internationales, Académies des sciences ou rapports de commissions d'experts sur les questions d'environnement, de développement durable et de prospective ne paraissent pas considérer le changement climatique comme

14 Rattan Lal *et al.*, « Soil Carbon Sequestration to Mitigate Climate Change and Advance Food Security », *Soil Science*, vol. 172, n° 12, 2007.

15 FAO, *The State of the World's Land and Water Resources for Food and Agriculture (SOLAW): Managing Systems at Risk*, FAO, 2011.

16 ONU, *L'Avenir que nous voulons*, ONU, 2012.

le problème d'environnement prioritaire le plus important à résoudre, surclassant les autres et ce, pour au moins deux raisons.

D'abord, ces rapports et organismes semblent mettre sur un plan d'égale importance des sujets tels que la biodiversité, la pollution atmosphérique, l'eau, le changement climatique, etc. Ainsi, l'OCDE, notamment dans ses perspectives de l'environnement à l'horizon 2050[17], mais aussi dans d'autres rapports[18], considère que les principaux problèmes d'environnement actuels, comme à l'horizon 2050, sont l'épuisement des réserves d'eau douce et l'accès à l'eau, la destruction des écosystèmes et l'érosion de la biodiversité, la pollution atmosphérique et ses effets sur la santé, le changement climatique, qui n'est donc pas prioritaire.

Le rapport de la commission Oxford Martin pour les générations futures met sur le même plan l'eau, l'alimentation, l'énergie, le climat et la biodiversité, voire la croissance démographique et le contrôle de la pollution. Il estime, par exemple, que l'épuisement des ressources halieutiques (qui constitue une surexploitation de la biodiversité) met en danger une industrie générant, au-delà de son chiffre d'affaires immédiat, un impact économique d'environ 240 milliards de dollars par an et 500 millions d'emplois indirects[19].

En 2015, l'enquête annuelle du World Economic Forum (WEF) sur la perception des risques globaux classe au premier rang, en termes d'impact potentiel, les crises liées à l'eau, au cinquième l'échec de l'adaptation au changement climatique et au dixième les pertes en biodiversité et l'effondrement des écosystèmes. Depuis 2011, ces risques figurent presque toujours dans les cinq ou dix premiers rangs. En 2012, 2013 et 2015, les risques

---

17 OCDE, *Perspectives de l'environnement de l'OCDE à l'horizon 2050*, *op. cit.*

18 OCDE, *Énergie. Étude de l'OCDE sur la croissance verte*, OCDE, 2012 ; OECD, *Putting Green Growth at the Heart of Development*, OECD, 2013.

19 Oxford Martin Commission for Future Generation, *Now for the Long Term*, University of Oxford, 2013.

liés à l'eau, classés deuxième et premier, devancent ceux liés au changement climatique ou à l'absence d'adaptation à ce changement. En 2014, ceux-ci sont classés deuxième mais les risques liés à l'eau immédiatement après, en troisième position. Quant au risque de perte de biodiversité et d'effondrement des écosystèmes, quoique placé haut dans la hiérarchie des réponses, le rapport considère qu'il est sous-évalué par les répondants par rapport à son impact potentiel[20].

En ce qui concerne les océans, les Académies des sciences du G7 estiment, en 2015, que les activités humaines qui entraînent des changements majeurs dans les océans sont l'élévation de la concentration en CO_2, les pollutions par les nutriments, les produits chimiques et le plastique, la surpêche et l'expansion des espèces invasives, et, également, l'extraction de ressources (pétrole, gaz, minéraux), la destruction des habitats naturels et autres activités humaines telles que la construction de grandes infrastructures côtières[21].

Par ailleurs, la plupart de ces rapports et organismes rappellent que ces problèmes sont étroitement liés et imbriqués, se renforcent et que n'en résoudre qu'un seul pourrait se faire au détriment des autres. Ainsi, 1 500 litres d'eau et 10 mégajoules d'énergie sont nécessaires pour produire 1 kg de blé ; 15 000 litres d'eau et 200 mégajoules d'énergie pour produire 1 kg de bœuf. La production de nourriture nécessite près d'un tiers de l'énergie disponible et l'agriculture environ 70 % de la consommation d'eau. L'énergie est, elle-même, un secteur intensif en eau. Aux États-Unis, l'électricité est le second consommateur d'eau après l'agriculture. Chaque kilowattheure d'électricité

---

20 World Economic Forum, *Global Risks 2015*, 10e édition, WEF, 2015.

21 *G7 Sciences Academies' Statement 2015: Future of the Ocean: Impact of Human Activities on Marine Systems*, avril 2015.

produit à partir du charbon nécessite environ 95 litres d'eau[22]. La biodiversité contribue, pour sa part, à la régulation du climat lequel, en retour, influe sur elle. La pollution par l'ozone réduit la capacité des arbres à stocker du carbone.

Or, l'une des difficultés vient précisément du fait que, jusqu'à présent, ces questions ont été traitées de façon compartimentée. Les politiques les concernant sont sectorielles et non coordonnées. Il semble pourtant nécessaire de les articuler. C'est le caractère interconnecté et inséparable des défis liés à l'eau, à l'alimentation, à l'énergie et au climat qui en fait un « *perfect storm* » (orage parfait) et implique la nécessité d'y répondre conjointement et de façon coordonnée.

Sur un plan spirituel, le changement climatique ne semble pas non plus considéré comme le problème environnemental prioritaire par les religions. Pour ne prendre qu'un exemple récent, dans sa présentation des différentes questions d'environnement, l'encyclique du Pape François, pourtant publiée cinq mois avant la COP21, consacre quatre pages au climat, mais trois à l'eau et sept à la biodiversité. Le texte insiste aussi, tout particulièrement, sur le lien entre ces différents sujets et les solutions pour y remédier[23].

Le changement climatique constitue-t-il la question d'environnement la plus coûteuse ?

Le présent ouvrage ne prétend pas être un livre d'économiste ou destiné à des économistes. Il semble néanmoins légitime de tenter de vérifier si la priorité accordée au changement climatique

22 OCDE, Énergie, *op. cit.* ; Oxford Martin Commission for Future Generation, *op. cit.* ; *FAO, Road to Rio: Improving Energy Use Key Challenge For World's Food Systems*, FAO, 14 juin 2012, http://www.fao.org/news/story/en/item/146971/icode/ ; UNESCO, *The United Nations World Water Development Report 4 – Managing Water under Uncertainty and Risk*, UNESCO, vol. 1, 2012.

23 Pape Francois, *Lettre encyclique* Laudato Si', Parole et Silence, 2015.

résulte de conséquences économiques nettement plus coûteuses que celles d'autres problèmes environnementaux. Il s'agit d'un sujet techniquement ardu. L'évaluation économique des différentes questions d'environnement demeure difficile. Certes, de plus en plus d'études existent sur ces sujets. Mais leur comparaison demeure complexe, soit qu'elles utilisent des méthodologies différentes, soit qu'elles couvrent des périodes non comparables, soit qu'elles concernent des champs géographiques ou thématiques non strictement identiques, soit qu'elles emploient des unités distinctes (pourcentages du PIB, pertes de revenu ou de consommation, sommes brutes, etc.). En outre, elles utilisent parfois des hypothèses différentes (degré de réchauffement moyen pour le changement climatique, taux d'actualisation, etc.). Et les équivalences de ces hypothèses sont parfois difficiles à formuler ou à justifier pour d'autres sujets environnementaux. Par exemple, plusieurs études sur le coût du changement climatique calculent ses impacts économiques en cas de respect de l'objectif d'un réchauffement moyen de 2 °C. Dans le même temps, sont de plus en plus formulés des objectifs de « *not net loss* » (pas de perte nette) en matière de biodiversité, de zéro artificialisation ou de neutralité en matière de dégradation des sols. Ces scénarios ne sont pas comparables. Si des études sont fondées sur l'acceptation d'un réchauffement moyen de 2 °C, elles ne peuvent être mises en parallèle qu'avec d'autres fixant des hypothèses de pertes de biodiversité, de dégradation des sols, etc. Reste, en ce cas, à trouver et à justifier l'équivalent, en ces domaines, d'un réchauffement de 2 °C, tâche particulièrement délicate. De plus, au sein même d'une étude, certains éléments peuvent être beaucoup plus faciles à chiffrer (notamment ceux possédant déjà une valeur marchande) que d'autres. Et, selon les domaines, la part de biens possédant déjà une valeur marchande est moins importante que dans d'autres. C'est, par exemple, le cas de la biodiversité par rapport au changement climatique. Enfin, la valorisation de la vie humaine continue de poser de nombreux problèmes tant techniques qu'éthiques.

Étant donné ces différences méthodologiques, ces marges d'incertitude et le caractère encore peu robuste de certaines valeurs, il serait déraisonnable de procéder à des comparaisons très précises. Il faut se contenter de confronter des ordres de grandeur.

Encore faut-il préciser ce que l'on souhaite comparer. Les coûts de l'adaptation au changement climatique ainsi que ceux de son atténuation ont fait l'objet de plusieurs études depuis quelques années. Mais il s'agit là de coûts de politiques publiques qui ne sauraient être rapprochés que des coûts de politiques publiques ciblant d'autres problèmes environnementaux. On cherche plutôt ici à comparer le coût pour la société de différents problèmes d'environnement en eux-mêmes et non pas le coût d'actions conduites pour y remédier ou les contenir.

En ce qui concerne les études relatives aux conséquences du changement climatique, certaines ne concluent pas à un coût mais, au contraire, à un bénéfice global, au moins dans un premier temps et pour des hausses de températures modérées[24]. Même en cas de coût global, certains secteurs d'activités et zones géographiques pourraient bénéficier du changement climatique tandis que d'autres en pâtiraient. Certaines zones tempérées appartiennent à la première catégorie, tandis que les pays tropicaux se trouvent dans la seconde[25].

Une étude estime l'impact à – 4,8 % du PIB mais elle est effectuée à dire d'experts[26]. Le quatrième rapport du Groupe d'experts intergouvernemental sur l'évolution du climat (GIEC) évaluait, en 2007, les pertes moyennes mondiales entre 1 et 5 %, mais pour un

24 Chris Hope, « The Marginal Impact of CO_2 from PAGE2002: An Integrated Assessment Model Incorporating the IPCC's Five Reasons for Concern », *Integrated Assessment Journal*, vol. 6, n° 1, 2006.

25 Richard Tol, « Estimates of the Damage Costs of Climate Change – Part II: Dynamic Estimates », *Environmental and Resource Economics*, vol. 21, n° 2, 2002.

26 William Nordhaus, « Expert Opinion on Climate Change », *American Scientist*, vol. 82, n° 1, 1994.

réchauffement de 4 °C[27]. Le rapport Stern, très médiatisé, les estime entre 1 et 5 % de la consommation par tête, aujourd'hui et pour toujours, en prenant en compte les seuls impacts sur les biens marchands, et jusqu'à 20 % en tenant compte des biens non marchands[28]. Mais il a été critiqué, notamment pour employer un taux d'actualisation très bas (1,4 %), pour surpondérer les scénarios les plus pessimistes et les moins probables, pour attribuer au changement climatique les coûts croissants des catastrophes naturelles résultant des événements climatiques extrêmes, ce qui n'a pu être prouvé jusqu'à présent, et pour sous-estimer les coûts d'atténuation[29]. Ces choix aboutissent à des montants de pertes élevés. La plupart des études économiques sur le coût du changement climatique l'évaluent plutôt entre 1 à 2 % du PIB[30].

---

27 Intergovernmental Panel on Climate Change (IPCC), *Fourth Assessment Report: Climate Change 2007*, Synthesis report, 2007.

28 Nicholas Stern, *Stern Review on the Economics of Climate Change*, H. M. Treasury, 2006.

29 Pour quelques critiques, pas toujours convergentes, de ce rapport, voir notamment : Olivier Godard, « Le rapport Stern sur l'économie du changement climatique était-il une manipulation grossière de la méthodologie économique ? », *Revue d'économie politique*, vol. 117, n° 4, 2007 ; William Nordhaus, « A Review of the Stern Review on the Economics of Climate », *Journal of Economic Literature*, vol. 45, n° 3, 2007 ; Martin Weitzman, « A Review of the Stern Review on the Economics of Climate Change », *Journal of Economic Literature*, vol. 45, n° 3, 2007 ; Dieter Helm, « Climate Change Policy: Why Has so Little Been Achieved? », *Oxford Review of Economic Policy*, vol. 24, n° 2, 2008 ; Richard Tol, « The Social Cost of Carbon: Trends, Outliers and Catastrophes », *Economics: the Open-Access, Open-Assessment E-Journal*, vol. 2, 2008-25 ; *The Stern Review on the Economics of Climate Change: A Comment*, 2006 ; Richard Tol, Gary Yohe, « A Review of the Stern Review », *World Economics*, vol. 7, n° 4, octobre-décembre 2006 ; Gary Yohe, « Some Thoughts on the Damage Estimates Presented in the Stern Review – A Editorial », *The Integrated Assessment Journal*, vol. 6, n° 3, 2006 ; Robert Mendelsohn, « Is the Stern Review an Economic Analysis? », *Review of Environmental Economics and Policy*, vol. 2, n° 1, avril 2008 ; Christian Gollier, *The Economics of Climate Change: A Critical Analysis of the Stern Review*, 2007.

30 Voir, par exemple, Samuel Fankhauser, *Valuing Climate Change – The Economics of the Greenhouse*, Earthscan, 1995 ; Richard Tol, « The Damage Costs of Climate Change Toward More Comprehensive Calculations », *Environmental and Resource Economics*, vol. 5, n° 4, 1995 ; William Nordhaus, *Managing the Global Commons: The Economics of Climate Change*, MIT Press, 1994 ; « Geography and Macroeconomics: New Data and New Findings », *Proceedings of National Academy of Science*, vol. 103, n° 10, 2006 ; William Nordhaus, Joseph Boyer, *Warming the World: Economic Models of Global Warming*, MIT Press, 2000.

Pour aider à saisir les différences concrètes de coûts proposées par le rapport Stern et d'autres, on peut le comparer, par exemple, à l'étude de Hope, publiée la même année. Le rapport Stern estime les coûts annuels des impacts globaux du changement climatique dans le monde entre 1500 et 6000 milliards de dollars par an, à partir d'aujourd'hui. L'étude de Hope les évalue entre 1200 et 2400 milliards de dollars par an à l'horizon 2060[31].

Comment comparer ces coûts au regard d'autres risques environnementaux ? Les coûts de la dégradation des sols sont évalués à 490 milliards de dollars par an[32]. Même si ces dommages sont probablement sous-estimés et en augmentation, ils demeurent donc nettement inférieurs à ceux du changement climatique.

L'OCDE évalue, de façon partielle, le coût annuel de la pollution atmosphérique urbaine, en 2010, à 1 700 milliards de dollars par an pour ses pays membres (soit environ 4 % de leur PIB), à 1 400 milliards de dollars par an pour la Chine (soit environ 16 % de son PIB) et à 500 milliards de dollars par an pour l'Inde (soit environ 14 % de son PIB)[33]. Le total pour ces trois ensembles s'élève donc à 3 600 milliards de dollars par an. Pour l'Europe géographique, la Russie et l'Asie centrale, le coût de la pollution de l'air extérieur ambiant (essentiellement particules fines) est estimé à plus de 1 500 milliards de dollars en 2010. Dans dix pays, ce coût représenterait plus de 20 % du PIB, dans douze autres entre 10 % et 20 %. Dans tous les pays sauf quatre, il s'élèverait à plus de 1 % du PIB[34]. Sachant que la pollution de l'air est nettement plus importante dans les pays émergents et les PVD que

31 Chris Hope, « The Costs and Benefits of Adaptation », in Martin Parry *et al.*, *Assessing the Costs of Adaptation to Climate Change*, IIED, 2009.

32 United Nations Convention to Combat Desertification (UNCCD), *The Economics of Desertification, Land Degradation and Drought: Methodologies and Analysis for Decision-Making*, UNCCD, 2013.

33 OECD, *The Cost of Air Pollution: Health Impacts of Road Transports*, OECD, 2014.

34 WHO-OECD, *Economics Cost of the Health Impact of Air Pollution in Europe; Clean air, Health and Wealth*, WHO, 2015.

dans les pays membres de l'OCDE, les coûts mondiaux de la pollution atmosphérique semblent supérieurs à ceux du changement climatique.

Les seules pertes causées par les espèces exotiques envahissantes ont pu être évaluées à 1 400 milliards de dollars par an, soit 5 % du PIB mondial en 1998[35]. La perte de services écosystémiques au niveau mondial a été estimée à un coût annuel croissant avec le temps en valeur absolue comme relative. Le montant s'élève à 545 milliards de dollars soit 0,9 % du PIB en 2010, mais à plusieurs milliards de dollars et plusieurs points de PIB en 2050. Cette évaluation est jugée conservatrice par ses auteurs pour trois raisons principales : elle n'inclut que les écosystèmes terrestres, omettant les milieux marins, les zones humides, les dommages dus aux espèces invasives ; les estimations de changements d'usage des terres sont modérées ; elle ne prend pas en compte les effets de seuils et de chocs non linéaires. Les pertes totales devraient donc être nettement supérieures[36]. Entre 1997 et 2011, la perte annuelle des services écosystémiques découlant uniquement du changement d'usage des terres a été estimée à 4300 milliards de dollars sur la base des valeurs de 1997. Elle aurait été de 20 200 milliards de dollars sur la base de nouvelles valeurs plus élevées conférées à la biodiversité en 2011[37]. Dans les deux cas, ne sont pas prises en compte les pertes dues aux espèces invasives, aux pollutions, aux prélèvements d'espèces animales, etc. L'ordre de grandeur des coûts économiques découlant de l'érosion de la biodiversité semble donc supérieur à celui résultant du changement climatique.

D'une manière générale, si les coûts du changement climatique sont plus élevés que ceux de la dégradation des sols,

---

35 David Pimentel *et al.*, « Economic and Environmental Threats of Alien Plant, Animal, and Microbe Invasions », *Agriculture, Ecosystems and Environment*, vol. 84, n° 1, 2001.

36 Leon Braat, Patrick ten Brink (dir.), *The Cost of Policy Inaction, The Case of Not Meeting the 2010 Biodiversity Target*, 2008.

37 Robert Costanza et al., « Changes in the global value of ecosystem services », *op. cit.*

ils ne semblent pas supérieurs à ceux de la pollution atmosphérique ou de l'érosion de la biodiversité (voir tableau 2).

Quelques objections peuvent cependant être apportées à ces constats. Tout d'abord, la politique climatique peut générer des bénéfices dans d'autres secteurs environnementaux. Par exemple, dans l'UE, l'atteinte des objectifs pour 2050, outre une amélioration de la sécurité énergétique et une réduction des importations d'énergie, entraînerait des bénéfices environnementaux et sanitaires évalués entre 48 milliards et 99 milliards d'euros par an en 2050[38]. Toutefois, on peut effectuer des remarques voisines pour les autres politiques environnementales. Les efforts de diminution des émissions de certains polluants dans l'air peuvent apporter des bénéfices en matière de politique climatique, par exemple s'ils passent par la substitution d'une électricité très peu carbonée à des combustibles ou carburants fossiles. De même, des politiques avisées de gestion des sols et de la biodiversité peuvent induire des bénéfices en termes climatiques et de qualité de l'air.

38 Paul Watkiss (ed.), *The ClimateCosts Project. Final Report*. Vol. 1: Europe, Stockholm Environment Institute, 2011 ; European Environment Agency (EEA), *Climate Change, Impacts and Vulnerability in Europe*, 2012, EEA, rapport n° 12/2012.

Tableau 2 : Quelques évaluations des coûts annuels de différents problèmes environnementaux (monde)*

Changement climatique (en % du PIB mondial sauf indication contraire)	**Dégradation des sols**	**Pollution atmosphérique**	**Érosion de la biodiversité**
+ 2,3 % pour + 1 °C [a] – 0,5 % pour + 1,9 °C [b] – 1 à – 2 % pour + 2,5 °C à + 3 °C [c] – 1 à – 5 % pour + 4 °C [d] – 4, 8 % pour + 3 °C [e] 275 à 1 240 milliards de dollars selon scénario du GIEC et d'adaptation [f] 1 500 à 6 000 milliards de dollars, soit 5 % de la consommation par habitant, 20 % avec les impacts non marchands pour +2 °C à + 5 °C [g]	490 milliards de dollars [h]	3 600 milliards de dollars pour OCDE + Chine + Inde (seuls coûts sanitaires, air extérieur) [i] 1 574 milliards de dollars pour Europe + Russie + Asie centrale (seuls coûts sanitaires, air extérieur et intérieur) [j] 1 083 milliards de dollars (seuls coûts sanitaires de la pollution due au plomb – tous milieux – pour États-Unis, UE et pays à bas et moyens revenus) [k]	1 400 milliards de dollars, soit 5 % du PIB mondial pour les seuls dommages dus aux espèces invasives [l] 4 300 à 20 200 milliards de dollars ; uniquement pour les pertes dues au changement d'usage des terres [m] 545 milliards de dollars, soit 0,9 % du PIB mondial en 2010, à plusieurs milliards de dollars et plusieurs points du PIB mondial en 2050, pour les seuls écosystèmes terrestres [n]

* Tableau élaboré par l'auteur d'après :
a) R. Tol, « Estimates of the Damage Costs of Climate Change-Part I, *op. cit.* ; b) Francesco Bosello, Fabio Eboli, Robera Perfederici, « Assessing the Economic Impacts of Climate Change », *Review of Environment Energy and Economics*, 10 février 2012 ; c) S. Frankhauser, *op. cit.* ; Robert Mendelsohn, « Climate Change Damages » *in* William Nordhaus (ed.), *Economics and Policy Issues in Climate Change*, Resources for the Future, 1998 ; W. Nordhaus, *Managing the Global Commons, op. cit.* ; « Geography and Macroeconomics », *op. cit.* ; W. Nordhaus, J. Boyer, *op. cit.* ; d) IPCC, *op. cit.* ; e) W. Nordhaus, « Expert Opinion on Climate Change », *op. cit.* ; f) C. Hope, *op. cit.* ; g) N. Stern, *op. cit.* ; h) UNCDD, 2013. ; i) OECD, *The Cost of Air Pollution, op. cit.* ; j) WHO, OECD, *op. cit.* ; k) Teresa Attina, Leonardo Trassande, « Economic Costs of Childhood Lead Exposures in Low and Middle-Income Countries », *Environmental Health Perspectives*, 25 juin 2013. ; l) D. Pimentel *et al.*, *op. cit.* ; m) R. Costanza, « Changes in the global values of ecosystem services », *op. cit.* ; n) L. Braat, P. ten Brink, *op. cit.*

En termes économiques, l'une des conclusions fréquemment avancées par les études sur le changement climatique réside dans le constat que le coût de l'action se révèle inférieur au coût de l'inaction. Le rapport Stern, par exemple, considère que le second serait cinq à vingt fois supérieur au premier. Cela justifierait les mesures d'atténuation comme d'adaptation, surtout si les mesures les moins coûteuses et « sans regret » sont privilégiées.

Mais ce constat s'avère également exact dans d'autres domaines environnementaux. Aux États-Unis, par exemple, les Clean Air Act Amendments de 1990 permettaient d'économiser entre 1990 et 2020 13 millions de journées de travail perdues et 2 000 milliards de dollars pour un coût de 65 millions de dollars, soit un rapport de 31 à 1[39]. Quant aux dépenses de préservation de la biodiversité, elles peuvent être très largement compensées par la valeur d'option maintenue, grâce à cette action, de gênes, plantes ou animaux menacés de disparition. En outre, le coût d'une gestion appropriée de la biodiversité apparaît très inférieur à ses bénéfices climatiques. En France et en Écosse, les bénéfices du réseau Natura 2000 sont sept fois supérieurs à son coût. En Espagne, il engendrerait entre + 0,1 et + 0,26 % de croissance du PIB[40].

Par ailleurs, le rapport coût/efficacité de certaines politiques climatiques ne s'avère pas meilleur que celui d'autres politiques environnementales. Il semble même, parfois, moins favorable. À titre d'exemple, un réchauffement limité à 2 °C permettrait d'éviter 20000 décès prématurés et d'économiser 60 milliards

39 Environmental Protection Agency, *The Benefits and Costs of the Clean Air Act from 1990 to 2020: Final Report*, EPA, 2011.

40 Sonja Gantolier *et al.*, *Costs and Socio-Economic Benefits Associated with the Natura 2000 Network*, IEEP, GHK, Ecologic, 2010.

d'euros par an dans l'UE en 2080[41]. Mais le respect des normes OMS pour les seules particules fines de taille inférieure ou égale à 2,5 micromètres ($PM_{2,5}$) dans seulement 25 villes de l'UE éviterait 19000 décès prématurés et économiserait 31,5 milliards d'euros par an[42]. La création d'un réseau mondial d'aires marines protégées de 10 à 30 % de la surface des océans entraînerait,selon les scénarios, des bénéfices de 622 à 1 145 milliards de dollars pour des coûts de 45 à 228 milliards de dollars, soit un rapport évoluant entre 3 à 1 et 20 à 1[43].

Le changement climatique constitue-t-il le problème d'environnement le plus important pour les pays en voie de développement ?

Différentes études indiquent que les conséquences du changement climatique seront probablement plus importantes pour les PVD et les pays émergents que pour les pays développés. Parallèlement, les tendances actuelles et leur poursuite suggèrent que les premiers et les seconds émettront une proportion croissante des GES mondiaux.

Le changement climatique est-il, pour autant, le problème d'environnement le plus grave pour eux ? Cela n'est pas certain, pour plusieurs raisons.

D'abord, les institutions internationales considèrent que les PVD sont davantage vulnérables aux risques environnementaux en général et pas seulement à ceux découlant du changement

41 Joint Research Center (JRC), European Commission, *Climate Impacts in Europe. The JRC PESETA II Project*, 2014.

42 Institut national de la veille sanitaire (INVS), APHEKOM, *Improving Knowledge and Communication for Decision Making on Air Pollution and Health in Europe, Summary Report of the Aphekom Project 2008–2011*, 2011.

43 Luke Brander *et al.*, *The Benefits to people of expanding Marine Protected Areas*, VU University, 2015

climatique. L'OCDE, par exemple, estime que « les multiples risques environnementaux auxquels doit faire face le bien-être humain dans les PVD proviennent :

1/ d'une exploitation non soutenable des ressources naturelles ;
2/ d'un manque d'accès à l'alimentation, à l'eau et à l'énergie et d'un manque d'infrastructures de base ;
3/ des pollutions mortelles de l'air et de l'eau [...] ;
4/ de la pauvreté rurale, avec une grande part de la population dépendant des ressources naturelles ;
5/ et d'une grande vulnérabilité aux impacts du changement climatique[44] ».
Le changement climatique se trouve donc classé dernier.

Quant aux défis environnementaux principaux qui découlent de la croissance récente et de l'inégalité accrue au sein des PVD, ils sont constitués, dans l'ordre, par les niveaux de plus en plus importants de pollution de l'air et de l'eau, la consommation non soutenable de l'eau et des autres ressources naturelles, des infrastructures insuffisantes, une vulnérabilité et une contribution croissante au changement climatique[45]. Le changement climatique, à nouveau classé dernier, n'est donc considéré ni comme le seul défi ni comme la principale priorité.

De fait, les données et prévisions tendent à suggérer qu'aujourd'hui, comme en 2030 ou 2050, les causes environnementales principales de décès prématurés ou de mortalité infantile dans ces pays sont et seront les particules fines, la pollution de l'air intérieur, la pollution par l'ozone, l'accès à l'eau ou la pollution de l'eau.

D'ores et déjà, 93 % des décès prématurés dus à la pollution de l'air surviennent dans les PVD et les pays émergents, notamment

---

44 OECD, *Putting Green Growth at the Hearth of Development, op. cit.*

45 *Ibid.*

en Asie[46]. Le taux de mortalité dû à la pollution de l'air extérieur a progressé plus vite entre 2005 et 2010 dans les pays du Sud que dans le monde, tandis qu'il a baissé dans les pays de l'OCDE[47]. Les concentrations de particules y sont nettement supérieures à celles des pays de l'OCDE[48]. Le doublement global du nombre de décès prématurés dus aux particules fines entre 2010 et 2050 proviendra essentiellement de leur quadruplement dans les pays émergents et de leur triplement dans les PVD[49]. La pollution de l'air intérieur (usage du bois) et l'accès à l'eau sont des causes de décès prématurés très répandues en Afrique. L'utilisation de la biomasse solide en intérieur avec des foyers peu efficaces y engendrerait près de 600 000 décès prématurés par an[50].

La dégradation des sols qui menace directement la subsistance de plus d'un milliard de personnes concerne, pour 40 % de sa surface, les zones de plus grande pauvreté[51]. À tel point que le ministre indien de l'Environnement, des Forêts et du Changement climatique a indiqué, en 2014, que l'Inde deviendrait neutre en matière de dégradation des sols en 2030[52]. L'Inde qui, à l'inverse, ne paraît guère envisager un objectif de neutralité carbone à cette échéance semble donc, par là même, accorder une priorité supérieure à la lutte contre la dégradation de ses sols.

---

46 WHO, *Burden of Disease from the Joint Effect of Households and Ambient Air Pollution for 2012, op. cit.*

47 OECD, *The Cost of Air Pollution, op. cit.*

48 OECD, *Green Growth Indicators, 2014, op. cit.*

49 OCDE, *Perspectives de l'environnement à l'horizon 2050, op. cit.*; WHO, *Global Health Risks: Mortality and Burden of Disease Attributable to Selected Major Risks*, WHO, 2009.

50 WHO, *Burden of Disease from Household Air Pollution for 2012, Summary of Results*, WHO, 2014.

51 Global Environmental Facility (GEF), *United Nations Convention to Combat Desertification* (UNCCD), *Land for Life: Securing our Common Future*, GEF, UNCCD, 2011.

52 UNCCD, *Land Degradation Neutrality. Resilience at Local, National and Regional Levels*, UNCCD, s. d.

Les ressources de la biodiversité constituent une part importante des actifs des PVD. L'OCDE estime que le capital naturel représente 25 % de la richesse dans les pays à bas revenu contre 2 %, seulement, dans les pays industrialisés[53]. Le programme des Nations unies pour l'environnement (PNUE) considère que les services écosystémiques procurent entre 47 % et 90 % du revenu dans les pays pauvres[54]. La pêche représente 47 millions d'emplois dans les PVD, et les forêts 10 millions d'emplois formels et 30 à 50 millions d'emplois informels. Les ressources forestières permettent la subsistance de 1,2 milliard de personnes en situation d'extrême pauvreté[55] et procurent, par exemple, 25 % des revenus fiscaux du Cameroun[56]. La dégradation de la biodiversité de ces pays constitue donc une érosion de leur capital et un facteur aggravant d'inégalités géographique et géopolitique.

En outre, dans les PVD davantage encore qu'ailleurs, plus les populations et les ménages sont pauvres et plus la part des ressources naturelles occupe une place importante dans leurs revenus, que ce soit sous forme de nourriture, de combustible, de plantes médicinales, de matériaux de construction, etc.

En termes de coûts économiques, l'utilisation non durable des ressources naturelles et les pollutions de l'eau et de l'air semblent représenter des impacts plus importants pour les PVD que ceux dus au changement climatique.

Ainsi, en République centrafricaine, les coûts environnementaux les plus importants sont les coûts sanitaires découlant de l'air et de l'eau. Le coût de la mauvaise qualité de l'eau et de l'assainissement insuffisant y est évalué à 64 millions de dollars

---

53 OECD, *Natural Ressources and Pro-Poor Growth: The Economics and Politics*, OECD, 2008 ; World Bank, *Where is the Wealth of Nations? Measuring Capital for the 21th Century*, World Bank, 2006.

54 UNEP, *Towards a Green Economy: Pathways to Sustainable Development and Poverty Eradication – A Synthesis for Policy Makers*, UNEP, 2011, www.unep.org/greeneconomy

55 World Bank, *Sustaining Forests: A Development Strategy*, World Bank, 2004.

56 OECD, *Natural Resources and Pro-Poor Growth*, *op. cit.*

par an et celui de la pollution de l'air intérieur à 29 millions de dollars par an, soit, conjointement, près de 6 % du PIB[57]. En Inde, au Kirghizistan, en Ouzbékistan, en Arménie, les coûts annuels de la pollution de l'air sont évalués respectivement à 14 %, 24 %, 10,5 % et 19,5 % du PIB[58]. Il est loin d'être certain que le changement climatique entraîne des dommages d'un coût annuel supérieur dans ces pays.

Dans les PVD et les pays émergents, la perte des ressources naturelles qui ne résulte pas du changement climatique mais plutôt de modes d'exploitation non soutenables représente aussi parfois des montants considérables. Ils ont pu être évalués à 4,2 % du PIB en Inde en 2002/2003[59]. D'ici 2050, ce sont principalement ces pays émergents qui connaîtront des pertes de services écosystémiques très supérieures à la moyenne mondiale, avec 17 % du PIB en Afrique et 23 à 24 % en Amérique latine et dans les Caraïbes[60].

Enfin, les liens évoqués plus haut entre les différents problèmes d'environnement se rencontrent aussi particulièrement dans ces pays.

---

57 World Bank, *Central African Republic Country Environmental Analysis: Environmental Management for Sustainable Growth*, World Bank, 2010.

58 OECD, *The Cost of Air Pollution*, *op. cit.*; WHO, OECD, *op. cit.*

59 Haripriya Gundimeda, *Green Accounting and Its Applications for Development Policy, Presentation at 16th Poverty Environment Partnership Workshop*, 2011.

60 L. Braat, P. ten Brink, *op. cit.*

CHAPITRE 3

Comment peut se justifier le primat climatique ?

Les motifs des politiques environnementales

Comme on l'a vu, le changement climatique n'apparaît pas, d'emblée, comme une question environnementale plus importante que d'autres et l'on peine, spontanément, à expliquer l'importance qu'il a prise. Dès lors, comment peut se justifier sa prééminence ? Existe-t-il d'autres raisons qui permettraient de la comprendre ? Pour tenter de répondre à ces interrogations, il semble nécessaire de passer en revue les différentes raisons à l'origine d'une politique environnementale puis d'examiner dans quelle mesure elles peuvent s'appliquer à tel ou tel pays ou groupe de pays, au point de l'y rendre prioritaire.

Les motifs de la politique environnementale d'un pays semblent avoir été peu théorisés. On en proposera ci-après onze, sans exprimer de préférence ou en privilégier un par rapport à un autre. Il s'agit, simplement, de rappeler leur logique respective.

1) Un État peut, tout d'abord, décider d'entreprendre une politique environnementale dans un but de protection de ses

citoyens. Il s'agit là, au fond, de la prolongation de la mission classique d'un État envers sa population que l'on retrouve dans bien des domaines (défense nationale, sécurité civile, ordre public, prévention et répression de la criminalité, assistance à l'étranger, etc.). Certaines actions environnementales (hygiène publique, santé publique, établissements dangereux, prévention des risques, etc.), entreprises assez tôt, se rattachent bien à ce but. Dans cet esprit, il ne semble pas anormal que l'État mette en œuvre des politiques publiques protégeant ses citoyens contre les risques majeurs, naturels ou technologiques et, partant, des actions en matière d'atténuation du changement climatique et d'adaptation à ses effets. La politique climatique peut s'analyser, dans cette optique, comme l'extension à un nouveau risque de l'action de protection de l'État.

2) Une seconde justification consiste à considérer que l'État ne doit pas tant protéger les citoyens contre les risques environnementaux que préserver la nature et le patrimoine naturel en eux-mêmes (et non au bénéfice de l'homme). C'est une conception non-anthropocentrique, non-utilitariste, que pourrait revendiquer la *Deep Ecology* (écologie profonde). Sans même se rattacher à cette école de pensée, la puissance publique peut se donner cette mission, considérant ainsi qu'elle maintient la valeur d'option des écosystèmes sauvegardés.

3) Cette conception se rapprocherait, dès lors, de celle qui verrait l'État incarner les générations futures du pays et se charger de la protection du capital naturel dans une perspective d'équité intergénérationnelle. La puissance publique serait, par là même, légitime à poser des restrictions à l'usage ou à la surexploitation des ressources naturelles par les générations présentes, au bénéfice des générations futures. Dans cette optique, elle peut notamment s'estimer habilitée à empêcher ou à réduire les irréversibilités.

4) La mise en place d'une politique environnementale peut aussi constituer une réponse à une demande forte de la société civile, des électeurs ou de parties prenantes importantes[1]. Elle peut également correspondre à l'intérêt de telle ou telle force politique.

5) Un État peut décider de conduire une politique environnementale pour des raisons économiques ou de compétitivité. Cette motivation est ambiguë. D'un côté, un cadre de vie préservé et une qualité de vie agréable sont des motifs, parmi d'autres, de l'implantation de populations et d'activités économiques. Si la France est le premier pays de destination touristique au monde, elle le doit, notamment, à la qualité de son patrimoine naturel et culturel. Une politique de préservation et de gestion de ce patrimoine peut donc y engendrer des recettes et se trouver justifiée de ce point de vue. Une politique environnementale active permet aussi de développer l'innovation dans le domaine des écotechnologies, de bénéficier du « *first mover advantage* » (prime au premier entrant) et d'un avantage compétitif dans ces nouvelles filières[2]. D'un autre côté, si des normes environnementales trop coûteuses sont imposées aux entreprises, cela peut contribuer à dégrader la compétitivité nationale. Le point d'équilibre est donc délicat à trouver.

6) Un pays peut conduire une politique environnementale active pour des raisons de commerce extérieur. Par exemple, s'il possède la maîtrise d'une écotechnologie particulière qu'il est désireux d'exporter en quantité, il peut promouvoir l'adoption de normes internationales la favorisant par rapport à d'autres.

---

1 Pour l'exemple de la création en 1969 de l'Environmental Protection Agency aux États-Unis, voir Richard Gale, « Social Movements and the State », *Sociological Perspectives*, vol. 29, n° 2, avril 1986.

2 Michael Porter, Claas van der Linde, « Toward a New Conception of Life Environment-Competitiveness Relationship », *Journal of Economic Perspectives*, vol. 9, n° 4, automne 1995 ; « Green and Competitive: Ending the Stalemate », *Harvard Business Review*, vol. 73, n° 5, septembre-octobre 1995.

7) La nécessité d'une politique environnementale peut aussi se faire sentir si les performances d'un pays en la matière sont mauvaises et/ou inférieures à celles de ses pairs, surtout s'il est fréquemment comparé à ceux-ci au sein de classements ou d'évaluations.

8) Un État peut développer une politique environnementale pour des raisons internationales et diplomatiques. Soit il fait partie d'un ensemble géopolitique qui a édicté des normes en la matière et il est tenu de les respecter (c'est le cas des États membres de l'UE). Soit, pour être reconnu comme un acteur international et/ou ne pas voir ses intérêts lésés, il a participé à des négociations diplomatiques dans le domaine de l'environnement, a signé et ratifié des conventions s'y rapportant et est tenu de les appliquer. Soit il veut changer les règles internationales relatives à un sujet environnemental particulier. Soit la politique nationale qu'il conduit sur telle question environnementale peut, à elle seule, engendrer un impact international du fait de son poids économique ou politique – États-Unis, Chine, Russie –, parce qu'il émet une proportion importante du total mondial d'un polluant, parce qu'il est le seul ou l'un des rares pays à abriter sur son sol une espèce menacée ou qu'il demeure l'un des derniers à exploiter une ressource naturelle menacée (exemple du Japon et des baleines) et subit, de ce fait, des pressions de la part de sa propre société civile et/ou d'autres États, d'organisations intergouvernementales, d'ONG, etc. Soit, pour des raisons géopolitiques, diplomatiques ou de visibilité, il souhaite exercer un leadership dans ce domaine. Dans ce dernier cas, pour que son action soit efficace, il convient de bien choisir son terrain d'action et de prendre appui sur les leviers dont il dispose. Ainsi, la volonté d'exercer un leadership sur la protection du milieu marin aura plus de chances de succès de la part d'un pays possédant un vaste domaine maritime que de la part d'un pays enclavé sans accès maritime.

9) Certains estiment que les pays riches doivent conduire des politiques environnementales plus actives, y compris au plan international, notamment en finançant les politiques environnementales des pays pauvres, précisément parce qu'ils sont plus riches.

10) D'autres ou les mêmes considèrent que les pays développés doivent mettre en œuvre des politiques environnementales plus ambitieuses que les PVD, y compris en se fixant des objectifs de réduction de leurs émissions de polluants plus importants et plus contraignants, parce qu'ils ont davantage pollué, notamment depuis la révolution industrielle.

11) Au nom ou à la confluence des deux derniers motifs s'est formé, plus récemment, un concept de « justice environnementale », voire de « justice climatique », qui a donné lieu à une littérature abondante[3].

Sans pouvoir détailler ici cette notion et ses implications, il suffit d'en exposer les grandes lignes. Par certains côtés, elle tente de se fonder sur l'équité. Par d'autres, elle tâche de se relier au principe pollueur-payeur. Elle cherche à différencier les droits et les devoirs des différents États en matière d'environnement et de climat en prenant en compte trois critères cumulatifs : le poids passé et présent des différents pays dans la dégradation de l'environnement et du climat ; leurs ressources financières

---

3 Voir, par exemple, Simon Caney, « Climate Change, Human Rights and Discounting », *Environmental Politics*, vol. 17, n° 4, 2008 ; « Justice and the Distribution of Greenhouse Gas Emissions », *Journal of Global Ethics*, vol. 5, n° 2, 2009 ; Andrew Dobson, Robyn Eckersley (dir.), *Political Theory and the Ecological Challenge*, Cambridge University Press, 2006 ; Stephen Gardiner, « Survey Article: Ethics and Global Climate Change », *Ethics*, vol. 114, n° 3, avril 2014 ; Eric Neumayer, « In Defense of Historical Accountability for Greenhouse Gas Emissions », *Ecological Economics*, vol. 33, n° 2, 2000 ; Jouni Paavola, Neil Adger, « Fair Adaptation to Climate Change », *Ecological Economics*, vol. 56, n° 4, 2006 ; Henry Shue, « Global Environment and International Inequality », *Ethics and International Affairs*, vol. 75, n° 3, 1999 ; Steven Vanderheiden, *Atmospheric Justice: A Political Theory of Climate Change*, Oxford University Press, 2008.

dissemblables ; les capacités techniques respectives dont ils disposent. Ces trois éléments, liés, constitueraient les motifs qui justifieraient le rôle distinct que devraient jouer différents groupes de pays dans les politiques globales d'environnement. Cette analyse a abouti au « principe de responsabilités communes mais différenciées », formulé dès 1992 dans la Déclaration de Rio[4].

Dans le domaine climatique, la CCNUCC, « notant que la majeure partie des gaz à effet de serre émis dans le monde, par le passé et à l'heure actuelle, ont leur origine dans les pays développés », réaffirme ce principe dès son article 3. Elle contient des engagements propres à ces pays[5]. Il en est de même du protocole de Kyoto[6].

Cette approche est reprise, développée et étendue par certains acteurs sociaux et/ou États. Ils y insèrent ou y ajoutent les notions d'obligation morale, de « dette climatique » des pays développés, de « budget carbone », voire rapprochent la lutte contre le changement climatique du combat en faveur des droits de l'homme, considérant que l'émission de GES constitue un droit de la personne humaine corrélé à son droit au développement économique et que, dès lors, chacun devrait se voir attribuer la possibilité d'en émettre la même quantité. En outre, les conséquences du changement climatique causées par les émissions passées de GES, lesquelles proviennent majoritairement des pays riches, concerneront davantage les PVD. Elles constitueraient donc une injustice qui demanderait réparation de la part des pays développés. Adhèrent, plus ou moins, à cette vision des ONG

---

4 Ce principe (principe 7) considère qu'« étant donné la diversité des rôles joués dans la dégradation de l'environnement mondial, les États ont des responsabilités communes mais différenciées. Les pays développés admettent la responsabilité qui leur incombe dans l'effort international en faveur du développement durable compte tenu des pressions que leurs sociétés exercent sur l'environnement mondial et des techniques et ressources financières dont ils disposent. » Nations unies, *Déclaration de Rio sur l'environnement et le développement*, 1992.

5 Nations unies, *Convention cadre des Nations unies sur les changements climatiques*, 1992.

6 Nations unies, *Protocole de Kyoto à la Convention cadre des Nations unies sur les changements climatiques*, 1998.

telles que Friends of the Earth International, Coopération internationale pour le développement et la solidarité (CIDSE), Oxfam, World Council of Churches, Jubilee South, le réseau Climate Justice Now, Attac France, Les Amis de la Terre France, CCFD-Terre Solidaire, voire la Fédération luthérienne mondiale, etc. Pour certains de ces acteurs, l'application de la justice sociale interétatique voire même entre individus à l'enjeu climatique semble aussi importante, si ce n'est plus, que la résolution de l'enjeu lui-même.

La prééminence de la politique climatique au sein des politiques environnementales est-elle justifiable par ces motifs ?

L'un de ces fondements permet-il de justifier le caractère prioritaire de la politique climatique au sein des politiques environnementales de tel ou tel pays ou de tels ou tels groupes de pays ?

On peut regrouper les motifs résumés ci-dessus en cinq catégories.

Motifs de sécurité

1) Au nom de la première catégorie, tous les États peuvent – voire doivent – protéger leurs citoyens des risques découlant du changement climatique. Toutefois, ceux-ci étant inférieurs, comme on l'a vu, à ceux issus d'autres questions environnementales et cela tant dans les PVD que dans les pays développés, dans une stricte perspective d'intérêt national, une telle politique se justifie donc moins que, par exemple, une politique de réduction des pollutions atmosphériques locales, qui, elle, engendrerait des effets concrets plus rapides sur les populations. Dans les pays tempérés, et notamment en Europe, c'est d'autant plus le cas que les risques issus du changement climatique y seront

moindres et que la proportion d'émissions de GES dont ils sont responsables décline. Des politiques très volontaristes de leur part ne suffiraient ni à résoudre le problème, ni même à atténuer les effets du changement climatique sur leurs propres populations.

2) et 3) L'analyse est à peu près la même pour la deuxième et la troisième catégorie de fondements. En outre, de ces points de vue, comme en vertu du premier motif, il semble plus avisé de renforcer le versant adaptation des politiques climatiques, insuffisamment développé, que d'en accentuer encore le volet atténuation, déjà ambitieux dans de nombreux pays.

Motifs politiques

4) L'action contre le changement climatique répond-elle à la priorité absolue et constante, à moyen terme au moins, de l'opinion publique ? Cela ne semble pas le cas. Si l'on prend l'exemple de l'Europe, les enquêtes Eurobaromètre qui étudient, depuis 1982, les attitudes des citoyens européens envers l'environnement, montrent que le changement climatique n'a été considéré comme le sujet le plus inquiétant qu'à une seule reprise, en 2007. Il est dernier sur neuf en 1982, avant-dernier sur sept en 1986 et 1988 quatrième sur sept en 1992 et 1995, cinquième sur neuf en 1999, onzième sur vingt-cinq en 2002, troisième sur quatorze en 2004, cinquième sur quinze en 2011. Les sujets arrivant le plus souvent en tête ou le devançant régulièrement sont la pollution de la mer, la pollution de l'eau, la pollution de l'air, voire la disparition des forêts tropicales[7]. Certes, il existe bien des demandes récurrentes des médias et de certains groupes de pression en matière de changement climatique. Mais la préoccupation de l'opinion envers ce sujet, elle, est relative, fluctuante et non prioritaire.

---

7 http://ec.europa.eu/public_opinion/archives/eb_special

Motifs économiques

5) Au nom de la cinquième catégorie de motifs, l'UE, dont les coûts de production sont élevés et les réglementations environnementales, notamment celles relatives aux émissions de GES, parmi les plus strictes au monde, n'a pas clairement intérêt à un renforcement de sa politique d'atténuation, qui, à nouveau, n'améliorerait pas, à elle seule, le sort de sa population en ce domaine. La situation serait toutefois différente si la politique conduite était principalement une politique d'adaptation et non d'atténuation, ce qui n'est pas le cas. Elle le serait également si ce renforcement permettait une avance technologique et la constitution de filières industrielles exportatrices dans les ENR en bénéficiant du« *first mover advantage* ».

6) Précisément, un pays peut-il accorder une priorité à sa politique climatique par des perspectives de commerce extérieur ? À ce jour, cette motivation semble difficilement permettre d'expliquer un éventuel primat climatique dans la politique environnementale. L'examen du cas français paraît intéressant à cet égard.

Sur le plan international, la France possède incontestablement un double savoir-faire : d'une part dans l'énergie en général, d'autre part dans l'énergie décarbonée plus spécifiquement. Elle compte aussi de grands opérateurs énergétiques présents à l'international. Elle est leader dans le nucléaire civil. Elle détient également une large expérience et une bonne maîtrise de l'hydroélectricité. Son mix électrique est l'un des plus faiblement carboné au monde. Elle peut donc, dans ce domaine, montrer l'exemple et afficher des ambitions exportatrices.

Toutefois, la France est moins avancée dans les économies d'énergie et les ENR qui se développent les plus rapidement, qu'il s'agisse de l'éolien ou du solaire, voire des autres énergies renouvelables. Elle n'a pas véritablement constitué de filières industrielles en amont de la chaîne de valeur[8]. Alors que ces deux secteurs connaissent un fort développement à l'international[9], la France n'est pas une puissance exportatrice en la matière.

Or, le nucléaire civil n'est pas une énergie exportable partout pour quatre motifs au moins : refus d'équiper certains États pour des raisons de sécurité internationale ; technologie inaccessible aux pays pauvres en raison de ses coûts d'investissement, voire aux pays les moins avancés (PMA) en raison de sa complexité ; technologie peu adaptée à de très petits États qui représentent des micro-marchés ; décision de certains États de sortir du nucléaire civil ou de ne pas continuer à le développer (Allemagne, Autriche, Belgique, Espagne, Italie, Suisse). En outre, le coût du kilowattheure d'origine nucléaire augmente, notamment en raison d'exigences de sécurité accrues et de la technologie European Pressurised Reactor (EPR), alors que le coût du kilowattheure issu des énergies renouvelables diminue rapidement. De plus, la France est désormais concurrencée à l'export par des puissances nucléaires capables de construire des centrales moins chères et qui remportent des marchés dans des pays où la France partait favorite (telle la Corée du Sud à Abu Dhabi).

Quant à l'hydroélectricité, les marchés à l'export comportent au moins trois inconvénients : si la France a une expérience dans ce domaine, la concurrence y est vive ; certains pays n'ont guère de potentiel hydraulique exploitable et ce sont, parfois, des pays riches (Moyen-Orient) ; l'hydroélectricité entraîne des impacts importants sur la biodiversité, voire sur des peuples indigènes et se trouve, de ce fait, très surveillée par les ONG.

8 Voir Guillaume Sainteny, « Développer les éco-industries », *Projet*, n° 313, novembre 2009.

9 L'éolien et le solaire photovoltaïque (PV) devraient voir leur part quadrupler dans le mix énergétique mondial d'ici 2040 : International Energy Agency (IEA), *World Energy Outlook 2014*, IEA, 2014.

Motifs diplomatiques

7) En matière d'émissions de GES, les performances de l'UE sont bonnes, nettement supérieures à celles d'autres pays ou ensembles géopolitiques et en amélioration constante. Le primat climatique européen ne saurait donc se fonder sur des performances médiocres ou un éventuel retard en la matière. La situation d'autres pays, petits émetteurs et/ou dont les émissions déclinent, est analogue.

8) L'UE et la France fournissent deux cas intéressants d'ensemble géopolitique et de pays ayant souhaité, pour des raisons d'influence diplomatique, exercer un rôle de leadership international dans le domaine de l'environnement et prétendant justifier une politique climatique ambitieuse de ce fait. Si c'est le cas, il n'est pas certain que les motifs et les buts précis des diplomaties climatiques européenne et française aient été bien formulés, articulés et explicités. Plusieurs sont possibles.

Si l'on considère que la diplomatie est, essentiellement, la défense des intérêts nationaux (ou européens), alors la politique climatique française (ou européenne) pourrait s'articuler autour de trois axes : en faire une composante des politiques de sécurité civile et de prévention des risques ; privilégier l'adaptation sur l'atténuation pour les mesures domestiques ; exercer une pression diplomatique sur les principaux États émetteurs – actuels ou en devenir – de GES de façon à ce qu'ils diminuent leurs émissions.

Si l'on estime que l'UE et la France doivent jouer un rôle diplomatique important en ce domaine, au-delà de la défense de leurs intérêts, alors elles pourraient se placer dans le rôle de facilitateur d'un accord international, celui de « l'honnête courtier ».

Si l'on adopte une approche kantienne, idéaliste, altruiste de la diplomatie, alors celle-ci peut justifier des efforts importants de réduction des émissions domestiques, au-delà de ceux déjà accomplis. Mais la marge d'action demeure faible, même dans cette perspective. D'abord car l'action nationale de chaque État membre de l'UE ne peut être déterminante de façon directe, du fait de sa faible part dans les émissions de GES mondiales. Ensuite, parce qu'ils peuvent, peut-être, exercer un rôle de leadership international dans d'autres secteurs de l'environnement avec plus de succès. Enfin, car ils ont déjà pris des engagements notables dans ce domaine : si une accentuation de leur politique climatique est toujours possible, elle se fera désormais à coûts croissants, à rendements décroissants et sur une part déclinante des émissions mondiales.

C'est une politique de ce type qu'a voulu conduire l'UE depuis une quinzaine d'années : montrer l'exemple en fixant des objectifs européens et nationaux ambitieux et susciter ainsi un effet d'entraînement auprès des États-Unis et des pays du Sud. L'échec du sommet de Copenhague, en 2009, a montré les limites de cette stratégie. Plus récemment, en 2012, après avoir à nouveau essayé de montrer l'exemple, en incluant le transport aérien dans son marché d'échange de quotas d'émission de gaz à effet de serre (European Trading Scheme, ETS), l'UE a tenté d'imposer un achat de quotas de CO_2 pour les vols internationaux passant par son territoire. Mais de nombreux pays émergents, très émetteurs, se sont opposés à cette mesure, qui n'a pu être mise en place. Seuls les vols intra-européens sont donc concernés. En outre, d'un point de vue diplomatique, des engagements supplémentaires de réduction de la part de l'UE ou d'autres pays faiblement émetteurs, ou dont la part dans les émissions mondiales décline déjà, n'auraient de sens que s'ils étaient conditionnés à des engagements de réduction de la part des grands émetteurs ou de modération des émetteurs croissants. Or, les engagements de l'UE n'ont pas été conditionnés, limitant ainsi leur efficacité environnementale et diplomatique. Il est d'ailleurs peu probable que l'UE – et encore moins un seul de ses États membres – dispose d'une puissance diplomatique suffisante pour contraindre les grands émetteurs que sont la Chine, les États-Unis, le Moyen-Orient ou la Russie à suivre son exemple.

Dès lors, en ce qui concerne la France au moins, il n'est pas interdit de se demander si, parmi les deux grands problèmes globaux d'environnement considérés comme d'importance similaire par les milieux scientifiques – le changement climatique et l'érosion de la biodiversité –, elle ne détiendrait pas autant de leviers pour jouer un rôle de leadership international dans le second que dans le premier.

Dans le domaine de la biodiversité, elle jouit, à l'échelle internationale, de plusieurs atouts majeurs. Comme on l'a rappelé, elle recèle une biodiversité terrestre et maritime importante. Elle entretient également des relations de coopération étroites avec un nombre important de pays dont la biodiversité est exceptionnelle (Madagascar, premier taux d'endémisme au monde, Sud-Est asiatique, Afrique noire, etc.). En outre, une partie de cette biodiversité est encore assez bien conservée. Parmi les trois grands bassins de forêts tropicales – Amazonie, Sud-Est asiatique et Afrique centrale – seul le dernier est encore presque intact. Et la grande majorité de sa surface est constituée de pays francophones (Cameroun, Congo, Côte d'Ivoire, Gabon, République démocratique du Congo, outre le Ghana, le Libéria et la Guinée équatoriale). D'une manière générale, une très grande proportion de territoires francophones sont inclus dans des « *hot spots* » (points chauds) de la biodiversité mondiale (Polynésie, Nouvelle-Calédonie, bassin méditerranéen, Caraïbes, Guyane, Amazonie, Afrique centrale, Sud-Est asiatique, etc.).

La France dispose aussi d'une recherche et d'une expertise scientifiques d'excellente qualité, d'envergure internationale, dans le domaine de la biodiversité. Elles se retrouvent, notamment, à des degrés divers, dans des institutions telles que le Centre de coopération internationale en recherche agronomique pour le développement (CIRAD), le Centre national de la recherche scientifique (CNRS), l'Institut français de recherche pour l'exploitation de la mer (IFREMER), l'Institut national de la recherche agronomique (INRA), l'Institut de recherche pour le développement (IRD), l'Institut national de recherche en sciences et technologies pour l'environnement et l'agriculture (IRSTEA), le Muséum national d'histoire naturelle (MNHN), l'Office national de la chasse et de la faune sauvage (ONCFS), l'Office national de l'eau et des milieux aquatiques (ONEMA), l'Office national des forêts (ONF), etc. La France est l'un des rares pays à posséder encore une industrie pharmaceutique nationale (Sanofi, quatrième groupe mondial), laquelle travaille notamment, et continuera à travailler, à partir de la biodiversité. Enfin, elle se prépare à instituer, dans son droit interne (par le projet de loi de 2015 sur la biodiversité), un mécanisme juridique d'accès et de partage des avantages issus de la biodiversité, conformément au protocole de Nagoya.

Étant donné son histoire, ses liens avec les pays concernés, son expertise scientifique, son implantation internationale, l'avenir de ce secteur, elle pourrait donc tout aussi bien y assumer un leadership international que dans le domaine du changement climatique. Pourtant, elle a fait le choix de ne pas considérer la biodiversité comme un axe important de sa politique d'APD.

La France pourrait également choisir d'axer sa diplomatie environnementale sur deux autres sujets majeurs. D'une part, l'air et la pollution atmosphérique qui constituent, comme on l'a vu, la principale cause de mortalité prématurée dans le monde, en outre en progression. D'autre part, l'eau qui représente un enjeu environnemental essentiel. L'accès à l'eau devient un facteur de tension voire de conflit géopolitique croissant. L'absence d'accès à l'eau potable est une cause de mortalité importante dans les PVD. La France dispose d'un savoir-faire reconnu tant dans le traitement et la distribution de l'eau que dans la recherche agronomique en zone aride. Dans les deux cas, il existe des conventions internationales, des besoins pressants, une attente de la communauté internationale, voire des marchés. De surcroît, ces problèmes se posent notamment dans des pays dans lesquels l'influence française demeure.

Le débat Nord-Sud

Dans le domaine du changement climatique, le débat entre pays développés et PVD s'ordonne, essentiellement, autour de trois idées. Suffisent-elles à conférer aux politiques climatiques des pays développés un caractère prioritaire, comme le suggèrent les pays du Sud ?

9) La revendication de politiques climatiques plus ambitieuses de la part des pays riches, y compris en finançant les politiques climatiques des PVD, précisément car les premiers sont plus développés et plus riches, est notamment formulée par ces derniers. Cet argument justifie-t-il une éventuelle priorité accordée à la politique climatique par les pays développés ?

Ce thème est monté en puissance depuis les années 1990. Il est devenu l'une des lignes de clivage les plus importantes entre les pays du Nord et du Sud, notamment à l'approche du sommet de Copenhague. Alors que la priorité des pays du Nord était d'étendre les obligations de réductions à un maximum d'États, celle des pays du Sud était d'obtenir des transferts financiers des pays du Nord de façon additionnelle à l'APD et pour des sommes importantes (entre 0,5 % et 1 % du PIB des pays développés par an).

Le sommet de Copenhague a finalement abouti à un accord pour la création d'un Fonds vert pour le climat destiné à financer des projets d'atténuation et d'adaptation dans les PVD, à hauteur de 100 milliards de dollars par an d'ici 2020. Ce montant est toutefois jugé insuffisant par certains en regard des « besoins de financements » de l'atténuation des émissions, de l'adaptation au changement climatique voire de la « transition énergétique » en général dans les pays du Sud.

Cependant, les pays riches le sont de moins en moins en termes relatifs et se trouvent presque tous en proie à une crise économique qui dure et à des déficits publics et/ou commerciaux considérables. Parallèlement, les pays émergents sont, à la fois, des pays à plus forte croissance, de moins en moins pauvres, accumulant parfois des excédents commerciaux importants (Chine, certains autres pays d'Asie et du Moyen-Orient, etc.) grâce aux achats des pays développés, et de plus en plus émetteurs de GES. L'argument vaut donc de moins en moins. Là réside l'un des défauts originels, mais qui s'est accentué avec le temps, du protocole de Kyoto, signé en 1997 et entré en vigueur en 2005. Il prévoit la réduction d'au moins 5 % des émissions des 38 pays les plus industrialisés, nommés dans une annexe B. Mais deux émetteurs importants ne l'ont pas ratifié (États-Unis) ou s'en sont retirés (Canada). En outre, ces pays dits industrialisés émettent une part constamment déclinante et désormais minoritaire du total des GES. C'est, précisément, l'une des raisons invoquées par trois autres pays inclus dans l'annexe B (Japon, Nouvelle-Zélande, Russie) pour ne pas se réengager, de manière contraignante, à baisser leurs émissions pour une seconde période 2013-2020, tout en restant parties au protocole de Kyoto.

Surtout, certains des pays non inclus dans l'annexe B étaient dès 1997, ou sont devenus, depuis, plus riches, voire nettement plus riches, que d'autres pays y figurant et soumis à des engagements de réduction. Pour ne citer que quelques exemples, en 2013 et en PIB/habitant, le Qatar, Singapour, le Koweït, non soumis à des engagements de réduction, étaient plus riches que la France, soumise à engagement. De même, les Émirats arabes unis, Brunei, Israël, dispensés de contraintes, étaient plus riches que la moyenne de l'UE, tout entière engagée. Quant à Bahreïn, la Corée du Sud, l'Arabie saoudite, Oman, le Chili, l'Argentine, le Mexique, la Malaisie, la Libye, etc., non inclus dans l'annexe B, ils étaient plus riches que la Bulgarie et la Roumanie qui y figurent.

De plus, les secteurs de l'aviation et du transport maritime sont exclus du protocole de Kyoto. Ils représentent aujourd'hui 4 % du total des émissions. S'ils étaient considérés comme un pays, ils seraient le septième émetteur mondial. Non seulement ces émissions progressent rapidement (respectivement + 66 % et + 86 % entre 1990 et 2012), mais une part importante de cet accroissement provient de compagnies aériennes et de flottes de pays émergents non soumis à des engagements de réduction et pourtant riches et/ou très émetteurs de GES (Moyen-Orient, Corée du Sud, Singapour, Taïwan, pavillons de complaisance), ou est dû au développement rapide du trafic intérieur des grands émergents comme la Chine, l'Inde ou le Brésil.

La revendication d'assigner aux pays riches des politiques climatiques plus actives, des objectifs plus ambitieux et des engagements contraignants plus élevés semble donc difficile à satisfaire dans le cadre juridique actuel. Elle nécessiterait, *a minima*, de revoir les règles de la CCNUCC, du protocole de Kyoto et la classification des pays de l'annexe, soit en y ajoutant des États qui n'y figurent pas, soit en en retirant certains s'y trouvant.

Cela supposerait aussi que les pays non inclus dans l'annexe et plus nantis que ceux qui y figurent élaborent eux-mêmes des politiques climatiques nationales ambitieuses. Jusqu'à présent, cela ne semble guère être le cas. Au contraire, nombre de ces États sont des pays producteurs et exportateurs d'énergies fossiles qui les subventionnent dans des proportions importantes, freinant, par là même, le développement de l'efficience énergétique et des ENR et favorisant les émissions de CO_2. Sur un total de 548 milliards de dollars de subventions publiques aux énergies fossiles, en 2013, 80 à 90 % sont versés dans les pays émergents, qui sont aussi des pays producteurs[10]. Or, si ces subventions étaient abandonnées d'ici 2020, outre les économies d'énergie et la réduction de la pollution atmosphérique qui en découleraient, les émissions mondiales de GES seraient réduites de 5,8 %.

10 En 2013, ceux-ci représentent les sommes suivantes : Iran, 84 milliards de dollars ; Arabie saoudite, 62 ; Russie, 47 ; Inde, 47 ; Venezuela, 38 ; Égypte, 30 ; Indonésie, 29 ; Émirats arabes unis, 22 ; Chine, 21 ; Algérie, 20 ; Irak, 14 ; Argentine, 10. Suivent ensuite le Mexique, l'Ouzbékistan, l'Ukraine, le Koweït, le Turkménistan, le Pakistan, la Lybie, le Nigéria, etc. ; IEA, *World Energy Outlook 2014*, *op. cit.*

Ces subventions sont par ailleurs doublement régressives socialement. Elles profitent davantage aux catégories moyennes ou aisées qu'aux catégories modestes. Par exemple, en 2010, seuls 8 % des subventions aux énergies fossiles dans le monde bénéficiaient aux 20 % des revenus les plus bas de la population mondiale[11]. En outre, dans certains pays, le montant de ces subventions est tel qu'il dépasse celui affecté à l'éducation, à l'alimentation ou à la santé, restreignant ainsi les dépenses publiques qui profiteraient aux plus pauvres. La réaffectation d'une partie des subventions au financement de ces secteurs améliorerait le sort des plus défavorisés et serait plus équitable.

Ces tendances sont confirmées par une étude du FMI utilisant une méthodologie légèrement différente. En 2013, les subventions avant taxes aux produits pétroliers, à l'électricité, au gaz naturel et au charbon s'élèvent à 541 milliards de dollars, soit 0,7 % du PIB mondial et 2 % des recettes publiques. Les pays exportateurs de pétrole qui subventionnent le plus ces produits, aussi bien en termes absolus qu'en part du PIB ou par habitant, représentent les deux tiers du total, et les États du Moyen-Orient et de l'Afrique du Nord 47 % du total. Cela équivaut à environ 9 % de leur PIB et 22 % de leurs recettes publiques. Les pays émergents et en développement de l'Asie représentent 18 % du total, ceux de l'Europe centrale et de la CEI 15 %. À l'inverse, les pays développés subventionnent relativement peu (4 % du total, soit 0,1 % de leur PIB).

Dans une acception beaucoup plus large, les subventions après impôts prennent en compte les dépenses fiscales, et notamment l'écart entre le niveau des taxes existantes et le niveau des taxes internalisantes. Suivant cette approche, les soutiens aux mêmes produits s'élèvent, en 2013, à 4900 milliards de dollars, soit 6,5 % du PIB mondial. La suppression de ces subventions permettrait de réduire de 24 % les émissions de CO_2 liées à l'énergie. Si 25 % de ce montant proviennent des pays développés, 75 % émanent des PVD et des pays émergents, et un tiers

11 IEA, *World Energy Outlook 2011*, IEA, 2011.

des pays exportateurs de pétrole. En proportion de leur PIB, le montant des subventions versées par les États du Moyen-Orient et d'Afrique du Nord, d'Asie ou de la CEI est cinq à sept fois plus élevé que celui versé par les pays développés[12]. Ainsi, la suppression des subventions des pays du Moyen-Orient et d'Afrique du Nord permettrait d'éliminer 36 % de leurs émissions de CO_2. Elle aurait donc un effet nettement plus important, en termes relatifs, que celui d'une élimination mondiale. De plus, les subventions aux énergies fossiles versées par les pays du Moyen-Orient posent un problème particulier en ce qu'elles empêchent la transition énergétique sur place. Près de 2 millions de barils par jour de produits pétroliers y sont utilisés pour la production d'électricité. Sans subventions au pétrole et au gaz, utilisés pour cette production, l'éolien et le solaire y seraient nettement compétitifs.

Beaucoup d'économistes considèrent que le moyen le plus efficace de réduire les émissions consiste à fixer un prix du CO_2, si possible unique, au niveau international. Mais on peut s'interroger sur l'efficacité d'un tel prix en présence de soutiens explicites ou implicites aux activités émettrices de GES. L'élimination ou au moins la réduction de ces subventions semble une étape préalable. Une tarification de ces activités, davantage en rapport avec les externalités négatives qu'elles engendrent, serait également efficace et participerait aussi bien à cette fixation d'un prix du CO_2.

Outre qu'ils subventionnent moins les énergies fossiles, il semble peu contestable que les pays dits industrialisés :

- s'imposent des réglementations plus contraignantes en matière de GES : paquet énergie-climat de l'UE, CCNUCC et son protocole de Kyoto qui ne fixent des contraintes de réduction d'émissions qu'aux pays de l'annexe B.

12 David Coady *et al.*, *How Large Are Global Energy Subsidies ?*, IMF Working Paper, WP/15/05, IMF, 2015 ; International Monetary Fund, *Energy Subsidy Reform, Lessons and Implications*, IMF, 2013.

- subventionnent davantage les ENR et les économies d'énergie : l'essentiel des aides aux ENR dans le monde provient des pays développés, et les prévisions suggèrent qu'il en sera ainsi jusqu'en 2040[13]. Cela peut s'analyser non seulement comme un soutien à l'atténuation des émissions de ces pays, mais aussi comme un rachat partiel d'une éventuelle « dette carbone » *via* une transition énergétique plus rapide que celle qui aurait eu lieu en l'absence de ces subventions.

- financent, d'ores et déjà, l'essentiel des actions d'adaptation au changement climatique et à son atténuation : en 2013, sur 359 milliards de dollars de financement climatique, 218, soit plus de 60 %, provenaient des pays de l'OCDE et 141 de pays hors OCDE mais dont certains sont des pays développés.

- contribuent à une partie des politiques de transition énergétique des PVD : les financements climatiques publics effectués dans les PVD et provenant des pays développés étaient évalués, en 2013, entre 39 et 46 milliards de dollars[14]. Au titre du mécanisme de développement propre (MDP) institué par le protocole de Kyoto, l'Europe a déjà financé 215 milliards d'euros de mesures dans les PVD et les pays émergents, pour aider à leur transition énergétique[15]. De plus, le financement de projets climatiques représente une part croissante de l'APD bilatérale des pays développés. Pour les seuls États membres du CAD de l'OCDE, elle s'élevait à 21,5 milliards de dollars par an, en moyenne annuelle, pour la période 2010-2012, soit 16 % du total de l'APD. Il existe, en outre, d'autres financements publics multilatéraux croissants dédiés à la politique climatique et abondés par les pays développés. En les incluant, l'aide liée au climat représentait 37 milliards

---

13 IEA, *World Energy Outlook 2014*, *op. cit.*

14 Barbara Buchner *et al.*, *The Global Landscape of Climate Finance, 2013*, Climate Policy Initiative, 2013.

15 CDC Climat, *Tendances carbone*, n° 75, décembre 2012.

de dollars en 2013, soit 18 % du total de l'APD. Pour certains pays du Sud, elle représente plus du quart de leur APD[16].

La justification d'un primat climatique de la part des pays riches, précisément du fait de leur plus grande richesse, semble donc insuffisamment étayée. D'abord parce que de nombreux pays, plus riches que d'autres, ne sont pas visés par cette revendication. Ensuite, car les pays en question financent déjà l'essentiel des projets climatiques, des ENR voire de la transition énergétique dans le monde, dont une partie dans les pays du Sud. En revanche, on peut émettre deux critiques envers ces aides. Techniquement, elles ont nettement privilégié l'atténuation sur l'adaptation. Géographiquement, elles ont davantage profité aux pays émergents qu'aux PMA qui en avaient pourtant davantage besoin.

10) La demande d'objectifs de réduction plus contraignants pour les pays développés, au nom du poids de leurs émissions passées, est également brandie par les PVD. Cet argument constitue une justification historique, voire « morale », qui, de ce point de vue, n'est guère contestable. Il correspond aussi à une réalité chimique. L'essentiel du stock de GES émis depuis la révolution industrielle et qui contribue au changement climatique résulte, jusqu'ici, des émissions des pays développés. Cette justification se rapproche aussi, d'une certaine façon, du principe pollueur-payeur, appliqué à l'échelle interétatique. Cet argument permet-il, pour autant, de motiver le primat climatique au sein des pays développés ? Cela est contestable pour plusieurs raisons.

D'abord, cet argument d'ordre historique n'aide en rien à résoudre les problèmes du présent et du futur. De fait, aujourd'hui et surtout demain, en dehors des États-Unis, du Japon, voire de l'Allemagne, les principaux émetteurs sont et seront les pays émergents.

---

16 OECD *Development Comittee Assistance (DAC) Statistics, Climate-related Aid*, http://www.oecd.org/investment/stats/rioconventions.htm

En 2012, les prinipaux émetteurs étaient, dans l'ordre : la Chine, les États-Unis, l'Inde, la Russie, le Japon, l'Allemagne, la Corée du Sud, l'Iran, l'Arabie saoudite, le Canada, l'Indonésie, le Mexique, le Royaume-Uni, l'Afrique du Sud, le Brésil, etc. Depuis 2008, la Chine est devenue le premier émetteur de CO_2 en valeur absolue devant les États-Unis et nettement devant l'Europe. Ses émissions globales annuelles dépassent actuellement celles des États-Unis et de l'UE réunies. Certes, environ 16 % correspondent à des exportations et pourraient donc être comptabilisés au titre de leur empreinte carbone par les pays importateurs (dont les États-Unis et l'UE). Mais la Chine est aujourd'hui responsable de 28 % des émissions mondiales et cette proportion continue à croître. Les 16 % de l'empreinte comptent donc pour une part très relative et ne la détrônent pas de son premier rang. Vers 2019, elle devrait émettre plus de CO_2 à elle seule que les États-Unis, l'UE et l'Inde réunis. En outre, ses émissions par habitant, qui ont triplé en vingt ans, dépassent désormais celles de la France et même celles de la moyenne de l'UE[17].

Si l'on s'en tient à la combustion d'énergie, le poids des pays émergents et des PVD apparaît croissant et, d'ores et déjà, prépondérant. En 2012, les pays de l'annexe I de la CCNUCC émettaient 41 % du total mondial et ceux hors annexe 55 %. Entre 1990 et 2012, les émissions des premiers ont baissé de 5 % ; celles des seconds ont crû de 171 %. Celles de l'UE ont baissé de plus de 14 %. Celles de la Chine ont augmenté de 262 %, celles du Moyen-Orient de 195 %, etc.

Par habitant, les émissions de certains pays hors annexe sont déjà supérieures à la moyenne mondiale (4,5 t), mais aussi à celles de certains pays de l'annexe I (notamment la Corée du Sud : 11,9, le Moyen-Orient : 7,8, la Chine : 6,1). En outre, entre 1990 et 2012, les émissions par habitant des pays de l'annexe I ont baissé de plus de 14 % alors que celles des pays hors annexe

17 Corinne Le Quéré *et al.*, « The Global Carbon Budget, 2013 », *Earth System Science Data*, n° 6, 2014.

ont crû de près de 93 %. Notamment, celles de l'UE ont baissé de 19 % et celles des États-Unis de 17 %. Mais le ratio par habitant a doublé en Corée du Sud (+ 123 %) et augmenté de 75 % au Moyen-Orient. Les émissions de CO_2 dues à la combustion d'énergie en tonnes de CO_2/PIB (en millions de dollars US 2005 en parité de pouvoir d'achat) sont moins élevées dans les pays de l'annexe I (338 t) que dans ceux hors annexe (398 t). Surtout, elles diminuent nettement plus rapidement dans les premiers entre 1990 et 2012 (– 37 %) que dans les seconds (– 15 %), quand elles n'y augmentent pas (+ 23 % au Moyen-Orient)[18].

D'ici 2040, la quasi-totalité de la croissance de la demande énergétique proviendra des pays hors OCDE, dont 60 % pour l'Asie et un tiers pour la Chine. Les économies émergentes sont celles qui tirent le plus la demande mondiale d'énergies fossiles. En conséquence, la Chine sera le plus grand consommateur de pétrole devant les États-Unis à partir du début des années 2030. À cette date, elle demeurera le premier consommateur de charbon, énergie fossile très chargée en carbone, représentant à elle seule plus de 50 % de la demande mondiale. L'Inde en sera le deuxième consommateur avant 2020. Le Moyen-Orient ne sera plus seulement le premier exportateur mais aussi le troisième consommateur de pétrole, après la Chine et les États-Unis. À l'inverse, la part des énergies fossiles diminuera dans le mix de l'OCDE et c'est en son sein que la tendance à la croissance des énergies peu carbonées sera la plus sensible[19].

Les conséquences de ces évolutions à venir sont logiques en termes d'émissions de CO_2. L'UE a déjà atteint le pic de ses émissions ; les États-Unis pourraient l'atteindre en 2020 ; la Chine autour de 2030 ou après. La Chine devrait donc rester le plus grand émetteur jusqu'en 2040 et l'Inde, déjà troisième émetteur, devrait doubler ses émissions par habitant d'ici à 2030 et pourrait

18 CGDD, « Les émissions de CO_2 dues à la combustion d'énergie dans le monde en 2012 », *Chiffres et statistiques*, n° 595, janvier 2015.

19 IEA, *World Energy Outlook, 2014, op. cit.*

dépasser les émissions américaines avant 2040. Même si l'on attribuait des objectifs de réduction beaucoup plus contraignants aux pays développés, en raison de leurs émissions passées, il n'empêche que l'objectif de demeurer en dessous des 2 °C dépendra, en grande partie, de la capacité de la Chine à réduire ses émissions[20].

Quoi qu'il en soit, le stock historique d'émissions chinoises pourrait rattraper celui des États-Unis après 2040. Si bien qu'avec la diminution des émissions des pays développés et l'augmentation de celles des pays du Sud, on approche, de plus en plus, du moment où les émissions passées des seconds rattraperont puis dépasseront celles des premiers. À cet instant, la justification de contraintes accrues envers les pays développés en raison de leurs émissions passées tombera.

De nombreuses études ont tenté d'évaluer la contribution respective des émissions des différents pays dans le changement climatique. Elles aboutissent à des résultats sensiblement différents selon les hypothèses et méthodologies retenues. Plusieurs études ne prennent en compte que le CO_2 ou le seul CO_2 issu de la combustion des fossiles et de la production de ciment et/ou s'arrêtent en 2000[21]. Pourtant, si l'on évalue le total des émissions de GES en y incluant l'utilisation des terres et les forêts sur la période 1850-2010, et en y ajoutant l'évolution projetée sur 2010-2020, la part

20 Sa contribution nationale, rendue publique en juillet 2015, dans le cadre de la COP21 et de ses suites, se veut un peu plus volontariste par rapport aux tendances lourdes prévues par l'AIE. La Chine se fixe pour but d'atteindre le pic de ses émissions autour de 2030, de diminuer l'intensité de ses émissions de CO_2 par unité de PIB de 60 à 65 % par rapport à 2005, et de porter la part des énergies non fossiles dans la consommation énergétique primaire à environ 20 %. Mais elle ne modifie pas fondamentalement les tendances à moyen terme. Pour qu'elles le soient, plusieurs éléments seraient nécessaires : un pic d'émissions avancé à 2025, une baisse de la consommation de charbon et une diminution de l'intensité CO_2 du PIB proche de 80 %.

21 Voir par exemple BASIC experts, *Equitable Access to Sustainable Development: Contribution to the Body of Scientific Knowledge*, BASIC experts group, 2011.

des pays développés ne serait plus que de 48 % du total[22]. Or, si le but est d'atténuer le changement climatique, il convient bien de s'attaquer à tous les GES qui en sont la cause. Il n'existe aucune raison de se limiter au seul CO_2 issu de la combustion de fossiles. Cela conduirait même probablement à des solutions économiquement plus coûteuses, technologiquement plus restreintes et peut-être critiquables sur le plan environnemental puisqu'elles induiraient un biais en défaveur des solutions de conservation et de reconstitution des couverts forestiers notamment.

La justification d'objectifs de réduction plus contraignants de la part des pays développés et du primat, en leur sein, d'une politique climatique au nom du poids historique de leurs émissions de GES dans le total mondial semble donc contestable, au moins pour certains d'entre eux. D'une part, elle paraît de moins en moins fondé au fil du temps. D'autre part, une telle politique ne semble pas permettre de résoudre le problème mondial.

Ce constat s'avère particulièrement exact pour la France. En effet, non seulement, en flux, elle émet moins de GES par habitant ou par unité de PIB que la plupart des pays développés, mais elle en émet parfois moins que certains pays émergents (Chine, Corée du Sud, Moyen-Orient, etc.). En outre, ses émissions par habitant déclinent nettement (–16 % entre 1990 et 2012), alors que celles des pays hors annexe augmentent franchement (+ 93 % durant la même période). De même, son PIB est bien moins intensif en CO_2 que la moyenne mondiale, mais aussi que ceux des pays hors annexe tels la Chine, la Corée du Sud, l'Inde, le Moyen-Orient, l'Amérique latine, l'Afrique, etc. Surtout, du fait de la décarbonisation progressive de son économie depuis les années 1970, elle est historiquement comptable d'un moindre stock de GES émis, depuis près d'un demi-siècle, que la plupart des pays développés.

22 Michel den Elzen *et al.*, « Countries' Contribution to Climate Change: Effect of Accounting for all Greenhouse Gases, Recent Trends, Basic Needs and Technological Progress », *Climatic Change*, vol. 121, n° 2, 2013.

Par ailleurs, les GES ne sont pas égaux en termes de durée de séjour dans l'atmosphère et, de ce fait, les mix GES des différents États ne le sont pas davantage. Le méthane possède, de loin, la durée de vie la plus courte : douze ans contre plusieurs milliers d'années pour les GES les plus rémanentes. La réduction des émissions de méthane entraîne donc des effets beaucoup plus rapides que celle des autres GES. Or, la proportion de méthane est nettement plus importante dans le mix GES des PVD et des pays émergents que dans celui des pays développés. Si l'on souhaite privilégier des mesures d'atténuation à effet rapide, à l'échelle à laquelle se pose la question du changement climatique, c'est-à-dire à l'échelle mondiale, on ne peut ignorer les émissions de méthane des PVD et pays émergents. Leur réduction sera presque toujours moins coûteuse et engendrera des effets plus rapides que la diminution des émissions de CO_2 dans les pays développés.

11) Le primat climatique dans les politiques environnementales des pays développés peut-il se justifier au nom de considérations d'équité voire de « justice climatique » ? Ces motivations peinent à emporter pleinement la conviction pour plusieurs raisons.

L'introduction de considérations d'équité voire d'éthique dans la diplomatie est un sujet trop vaste pour être traité ici. Il n'a rien de nouveau. Jusqu'ici, la *realpolitik*, la défense des intérêts nationaux et le principe de non-ingérence dans les affaires intérieures d'un État ont dominé les relations internationales. La protection de l'environnement, du climat, l'existence de biens publics globaux sont-ils de nature à infléchir ces fondements ? Le principe de la souveraineté des États ne semble pas remis en cause par les textes internationaux relatifs à l'environnement et au climat. Au contraire, la CCNUCC le réaffirme explicitement dans ses considérants.

Quant au principe de « responsabilités communes mais différenciées », il a parfois été interprété comme n'entraînant une obligation d'agir que pour les pays développés. Cela ne semble guère être le cas. Il paraît bien plutôt relatif et contingent. Des « responsabilités communes » des États ou des parties signifient bien qu'elles sont solidairement liées, en une forme d'obligation, envers la préservation du système climatique ou de l'écosystème terrestre. Le fait que ces responsabilités soient distinctes en fonction des émissions passées et des capacités peut signifier que les pays développés doivent agir davantage et plus rapidement mais n'implique pas l'inaction des autres parties. En outre, les responsabilités étant différenciées selon les émissions et les capacités, le rôle avant-gardiste des pays actuellement développés n'est pas figé dans le marbre. Ce principe peut donc aussi s'interpréter comme conférant une responsabilité croissante aux pays émergents au fur et à mesure que leurs émissions augmentent (en stocks accumulés si ce n'est en flux annuel) et que leurs capacités technologiques et financières se développent. À ce dernier titre, la diminution des soutiens publics considérables qu'ils consacrent aux énergies fossiles semble, d'ores et déjà, être légitime. En droit, si certains éléments de la CCNUCC et du protocole de Kyoto ne s'appliquent qu'aux pays figurant dans les annexes, d'autres concernent toutes les parties.

Par ailleurs, quel doit être l'« étalon » de la « justice climatique » ou de l'équité en ce domaine ? Même si l'on accepte que les PVD, voire les pays émergents, ont « droit » à émettre plus de GES que les pays développés, du fait d'une éventuelle « dette carbone » des seconds envers les premiers ou d'un retard de développement, faut-il comparer les émissions par habitant ou par unité de PIB ?

La comparaison par habitant, et donc la reconnaissance pour les PVD ou pays émergents peuplés et émettant moins par habitant que les pays du Nord d'un droit à accroître leurs émissions ou de quotas d'émissions en fonction de la taille de la population, devrait constituer la norme selon les pays du Sud et certaines ONG de coopération ou de développement. Cette revendication se trouve parfois formulée au nom d'un droit au développement ou d'un droit d'accès à l'énergie, considéré comme un droit de l'homme ou un minimum social à garantir. Mais, sous couvert de social, ce type de raisonnement ne tourne-t-il pas finalement le dos au développement durable ? Ne contrevient-il pas frontalement aux politiques de lutte contre le changement climatique ? Celles-ci visent, au contraire, à favoriser le développement des PVD par des trajectoires de croissance peu émettrices, au moyen de mix énergétiques moins carbonés, quitte à ce que ceux-ci soient, au moins partiellement, installés avec l'aide technique et financière des pays développés. Une part de la solution au problème du changement climatique consiste, précisément, à éviter aux pays en voie de développement de passer par les mix énergétiques qu'ont connus les pays développés, à leur permettre des sauts technologiques enjambant certains procédés, de façon bénéfique pour eux comme pour le climat mondial.

Des points de vue climatique et environnemental, la référence à l'unité de PIB peut sembler meilleure si elle incite à une amélioration de l'efficience en GES de la structure économique. De fait, un taux de croissance analogue entre deux pays peut entraîner une évolution des émissions de GES sensiblement distincte selon le modèle de développement. Pour certains économistes, l'étalon du PIB semble plus équitable dans la mesure où il correspond au poids économique et productif de chaque pays dans l'économie mondiale. Toutefois, le PIB est un indicateur fruste et insatisfaisant. Il ignore l'étendue, la forme du territoire et son organisation spatiale concentrée ou dispersée qui influent sur l'importance des transports et leurs émissions pour un même PIB. De même, il ne dit rien des structures économiques concernées. Une économie industrielle sera plus émissive qu'une économie de services. Or, la mondialisation induit la spécialisation et la différenciation des pays dont les économies et les intensités d'émissions associées sont donc difficilement comparables. Ce critère ne permet pas non plus de prendre en compte la croissance démographique différentielle entre pays. Cette question se pose, par exemple, en ce moment, entre l'Allemagne et la France. La première, dont la population décline, pourrait ou devrait réduire ses émissions plus rapidement que la seconde, en croissance démographique. En outre, en matière d'environnement, les défauts du PIB sont connus. Il ne déprécie pas les actifs naturels qu'il utilise. Une partie de la croissance qu'il mesure s'effectue en puisant dans les ressources naturelles de façon gratuite ou sous-tarifée, voire en les épuisant. Il exploite aussi bien des ressources naturelles non renouvelables que renouvelables. Dans ce dernier cas, la consommation au rythme du renouvellement, ou supérieure à ce rythme, n'est pas prise en compte différemment. Les tentatives de corriger le PIB en prenant en compte les stocks et la diminution du capital naturel renvoient à la soutenabilité dite faible. Dans cette conception, une unité de ressource naturelle égale une unité de capital économique. Cependant, certains actifs naturels ne sont pas substituables. Par ailleurs, cette substituabilité parfaite supposée ignore les effets de seuil qui peuvent conduire à renchérir considérablement la valeur d'une unité au-delà d'un certain seuil. Or, ces deux inconvénients s'appliquent bien au climat.

Quant aux pays producteurs de pétrole, leur conception de la « justice climatique » et de l'équité les conduit, parfois, à envisager de demander des compensations pour le cas où ils seraient contraints de ne pas exploiter une partie de leurs réserves fossiles ou si les ENR et les économies d'énergie se développaient trop vite, restreignant ainsi leur rente pétrolière. La vision de la « justice climatique » et de l'équité semble donc très variable selon la position d'où l'on s'exprime.

Au vu de ces éléments, les plaidoyers en faveur de la « justice climatique », et les tentatives de démonstration par certains de ses partisans de la priorité à donner en son nom à la politique climatique par les pays développés, apparaissent faiblement argumentés.

Pour ne prendre qu'un exemple, en 2014, Oxfam France considère que :

« Les pays riches, pollueurs historiques et principaux créateurs de gaz à effet de serre portent une double responsabilité.

1) Celle de cesser de nuire, en réduisant dès maintenant drastiquement leurs émissions de CO_2 [...] Les gouvernements subventionnent [les énergies fossiles] à hauteur de 1900 milliards de dollars par an et selon les dernières estimations, les subventions françaises au secteur s'élèvent elles à 3,9 milliards d'euros.

2) Celle d'aider les pays pauvres, en finançant les coûts auxquels ceux-ci doivent déjà faire face pour s'adapter aux conséquences du changement climatique et pour limiter leurs propres émissions. Les besoins des pays pauvres en matière d'adaptation sont estimés à environ 100 milliards de dollars par an, soit 19 fois moins que les subventions données chaque année aux énergies fossiles dans le monde[23]. »

Cette analyse semble contestable sur plusieurs points. Tout d'abord, comme on l'a rappelé, les pays riches ne sont pas tous les principaux émetteurs de GES. Certains d'entre eux sont devancés par des pays émergents et/ou producteurs de pétrole. Cela est vrai en tonnage global comme en intensité CO_2 du PIB et, parfois, par habitant. Si la réduction « dès maintenant et drastiquement » des émissions de CO_2 est bien entamée par de nombreux pays riches (l'UE notamment), elle ne semble guère l'être par les pays émergents et ceux exportateurs de pétrole.

Les subventions aux énergies fossiles à hauteur de 1900 milliards de dollars proviennent, pour 75 % d'entre elles, des PVD et des pays émergents. Le lien effectué avec la responsabilité des pays riches n'apparaît donc pas clairement. Le montant avancé pour les subventions françaises est probablement sous-évalué. Mais, tel

23 www.oxfamfrance.org/nos-actions/changement-climatique

quel, il représente 0,2 % du montant global des subventions cité. On peine, en tout cas, à mesurer l'impact qu'aurait la suppression de ce 0,2 % sur la réduction des émissions mondiales de CO_2.

Il est estimé que les pays riches ont une seconde responsabilité : financer les coûts d'adaptation et d'atténuation des pays pauvres. On peut, en effet, défendre ce point de vue pour l'adaptation puisque, jusqu'ici, les pays développés ont été responsables de la plus grande part des stocks de GES émis. Pour l'atténuation, la logique de la justification ne saurait être la même puisque les pays développés ne sont pas directement responsables des émissions des PVD et des pays émergents et de leur augmentation absolue et en part relative du total mondial. En revanche, elle pourrait être justifiée de trois façons : l'efficacité (moindre coût d'atténuation marginal dans des pays très émetteurs) ; le transfert de technologies décarbonées, mutuellement bénéfique dans une problématique de nuisance mondiale ; le financement à hauteur des émissions des pays du Sud correspondant à la totalité ou à une part du contenu en GES des importations par les pays développés en provenance des PVD. Enfin, ce financement semble considéré comme aisé puisque représentant dix-neuf fois moins que les subventions mondiales aux énergies fossiles. Mais 75 % de leur montant viennent, précisément, de ces PVD ou pays émergents et non des pays développés.

Dès lors, pourquoi les pays développés viendraient-ils financer l'atténuation des émissions de CO_2 dans des pays dont certains les accentuent eux-mêmes par leurs propres subventions publiques nationales ? Ne conviendrait-il pas, avant tout, que ces pays éliminent ou réduisent leurs subventions aux énergies fossiles, voire les reconvertissent en subventions envers des mesures d'atténuation et/ou d'adaptation ?

Par ailleurs, il semble surprenant que ce concept de « justice climatique » ne soit pas étendu à une forme de « justice atmosphérique », voire à d'autres formes de « justice environnementale ». La délocalisation d'industries de pays développés vers les PVD y favorise, certes, l'emploi, l'activité économique, les recettes fiscales.

Mais elle aboutit à une forme d'« empreinte atmosphérique », par analogie avec l'empreinte carbone (ainsi qu'à des empreintes biodiversité, eau, etc.), qui semble davantage inéquitable que celle-ci. Si les émissions de GES contribuent à un changement climatique global dont les conséquences seront plus accentuées dans les PVD, les pays développés les subiront aussi. À l'inverse, les polluants atmosphériques locaux ou voyageant à moyenne distance (et les impacts en matière d'eau et de biodiversité) résultant de délocalisations industrielles, de la mondialisation et des importations des pays développés sont quasi exclusivement supportés par les PVD et leurs populations. Le phénomène d'exportation des pollutions est beaucoup plus tranché dans ce second cas.

De plus, l'empreinte environnementale associée à la consommation de l'UE à la charge des territoires situés loin d'Europe est inférieure, voire nettement inférieure, pour les émissions de GES à ce qu'elle est pour les émissions de polluants acidifiants et de précurseurs d'ozone et pour l'utilisation des matières premières, des ressources hydriques et des terres[24].

Par ailleurs, le concept de « justice climatique » ne risque-t-il pas d'entraîner des effets pervers sur les PVD eux-mêmes ? Il pourrait encourager l'attentisme et les inciter à reporter les solutions technologiques et financières du problème sur les pays riches ou à n'envisager une action qu'après ceux-ci. Pourtant, il est bien dans l'intérêt des PVD d'agir sans attendre puisqu'ils seront les premières victimes. L'inaction ou la tentation du passager clandestin sont des options coûteuses pour eux, plus encore que pour les pays développés.

Le désir de faire primer les considérations de justice sociale interétatique dans le débat climatique doit-il s'accomplir au détriment d'une analyse rigoureuse des données et des enjeux ? Doit-il conduire à se priver de certaines mesures de bon sens, efficaces,

---

24 EEA, *Environmental Indicator Report 2014: Environmental Impacts of Production-Consumption Systems in Europe*, EEA, 2014.

peu coûteuses et à multiples dividendes ? Ne s'apparente-t-il pas à un tiers-mondisme un peu vain en la matière et qui ne contribue guère à une solution ?

De plus, l'argument d'ordre historique et le concept de « justice climatique » tel qu'il est formulé conviennent peut-être à une certaine équité géographique, voire géopolitique. Mais ils négligent l'équité intergénérationnelle. Ce ne sont pas les générations présentes des pays développés qui sont responsables du stock de GES émis par ces pays. Ce sont leurs générations passées. Et cela, jusqu'à il y a peu, dans l'ignorance des conséquences climatiques de ces émissions – ce qui limite la pertinence de la transposition à ce cas du principe pollueur-payeur. En l'espèce, les payeurs ne seront pas les pollueurs, disparus depuis longtemps. Faire supporter tout le poids ou une grande partie du poids des émissions des générations passées par les générations présentes ou futures des pays développés ne respecterait guère la notion d'équité intergénérationnelle.

C'est d'autant plus vrai que, contrairement au XXe siècle, voire au XIXe siècle, lors desquels prévalaient des trajectoires de mobilité sociale ascendante, les générations futures des pays développés n'ont plus la quasi-certitude ou de très fortes chances d'être plus riches que leurs prédécesseurs (phénomène de chômage de masse des jeunes, d'où paupérisation relative et trajectoires sociales descendantes). À l'inverse, une grande partie des générations actuelles et futures des pays émergents ou des PVD se trouvent dans une situation de mobilité sociale ascendante avec l'émergence d'une classe moyenne nombreuse. En outre, si une partie de ces générations est plus riche, c'est précisément du fait des revenus tirés des énergies fossiles et/ou d'un mode de développement le plus souvent alimenté par ces énergies (Moyen-Orient, Russie, Mexique, Brésil, Chine, etc.). De plus, les générations présentes aux commandes de ces pays sont bien responsables de leurs politiques de subventionnement massif des énergies fossiles qui ont pour conséquences d'accroître le pouvoir d'achat de leurs consommateurs et de leurs producteurs (générations présentes), de favoriser leur surconsommation d'énergie et donc, de freiner les politiques d'économies d'énergie et d'atténuation des émissions de GES. Ce type de développement ne semble guère conforme au développement durable. Sur le plan environnemental et intergénérationnel, il s'accomplit au détriment du climat et des générations futures. Sur le plan social, ses fruits sont loin d'être équitablement répartis. Des contraintes d'émissions plus sévères et des financements climatiques accrus de la part des pays développés constituent-ils la meilleure manière de minorer ces injustices climatiques internes aux pays émergents et aux PVD ? Cela est loin d'être certain. N'y seraient-elles pas davantage atténuées par une meilleure gouvernance économique, sociale et politique de ces pays ? La « justice climatique » ne devrait-elle pas, aussi ou d'abord, s'appliquer à l'intérieur de ces pays, plutôt que de se concentrer sur la seule échelle interétatique ?

Enfin, une conception géographique et géopolitique de l'équité intragénérationnelle devrait conduire à focaliser les efforts sur les plus pauvres des générations actuelles. Lorsqu'il s'agit d'un risque environnemental global, cela suppose que les mesures prises sur le plan national par les pays développés en faveur de leurs ménages modestes ne le soient pas au détriment des plus pauvres des PVD. L'extension du chèque énergie au fioul dans la loi française sur la transition énergétique (LTE) représente un exemple inverse. Elle constitue une subvention aux émissions de CO_2 et est donc tendanciellement défavorable aux populations les plus pauvres des PVD. Elle semble également contradictoire avec les tentatives d'intégration des mesures d'atténuation dans l'APD.

Cela suppose aussi de cibler les mesures prises sur les catégories sociales les plus modestes des PVD. Dans cette perspective, on peut légitimement se demander si des politiques d'aide à la gestion et à l'utilisation rationnelle des ressources naturelles ne seraient pas au moins aussi équitables que des politiques climatiques. En effet, les ressources naturelles représentant une part importante du revenu de ces populations, la dégradation de la biodiversité et sa surexploitation menacent leur faible niveau de vie, au moins autant si ce n'est plus et, en tout cas, à plus court terme, que le changement climatique. En termes d'équité intergénérationnelle, la surexploitation de ces ressources par les générations présentes conduit à leur épuisement et accroîtra le dénuement des générations futures les plus pauvres de ces États. En ce sens, les politiques climatiques des pays développés seraient de peu d'effet si, au sein des PVD, l'accès des plus modestes aux ressources naturelles n'était pas, au moins, préservé.

Cela semble d'autant plus vrai que, comme on l'a rappelé (chap. II), le changement climatique ne constitue pas forcément le plus important des problèmes d'environnement auxquels sont confrontés les PVD.

CHAPITRE 4

Une inversion discutable de la hiérarchie des politiques environnementales

\ Une hiérarchie des politiques ne correspondant plus à l'importance relative des problèmes d'environnement : l'exemple européen

L'importance relative accordée au changement climatique conduit certains pays ou ensembles géopolitiques à une inversion dans la hiérarchie de leurs priorités politiques environnementales. C'est, notamment, le cas de l'UE.

L'Union européenne, qui représente 23 % du PIB mondial et 7 % de la population, émet moins de 10 % des GES. Ses émissions ont diminué de 19 % entre 1990 et 2012, malgré une augmentation de la population et une croissance du PIB de 45 %. Entre ces deux dates, les émissions de GES par euro de PIB ont baissé de 44 %. Les émissions par habitant sont passées de 11,8 t éq CO_2

à 9 t éq CO_2[1]. L'UE à quinze a rempli et même nettement dépassé son engagement, pris au titre du protocole de Kyoto, de réduction des émissions de 8 % entre 1990 et 2008-2012. Elle est parvenue à découpler sa consommation d'énergie et sa croissance économique. Entre 1990 et 2012, la consommation intérieure brute d'énergie a stagné (+ 1 %) et l'utilisation des combustibles fossiles a baissé malgré l'augmentation du PIB de 45 %. Les performances de l'UE sont globalement très supérieures à celles de la plupart des zones géographiques[2].

L'empreinte carbone de l'UE, elle, a certes légèrement augmenté entre 1995 et 2010. Mais dans la mesure où les émissions mondiales ont crû entre ces deux dates, la proportion de son empreinte dans les émissions mondiales a, au contraire, diminué de 20 à 17 %[3].

En outre, l'UE semble en bonne voie pour atteindre d'ici 2020 son triple objectif unilatéral dit « 3X20 » : réduction de 20 % des émissions de GES par rapport à 1990 ; diminution de 20 % de la consommation d'énergie primaire ; augmentation de 20 % de la part des ENR dans sa consommation finale d'énergie. L'objectif principal – la baisse de 20 % des émissions de GES – est déjà

1 AEE, *L'Environnement en Europe : état et perspectives 2015*, AEE, 2015.

2 Si l'on s'en tient au CO_2 lié à l'énergie, entre 1990 et 2012, les émissions européennes déclinent de 14 % tandis que les émissions mondiales croissent de 51 %, celles de l'Amérique latine de 101 %, celles du Moyen-Orient de 195 %, celles de l'Extrême-Orient de 184 % et celles des pays hors annexe 1 de 171 %. L'UE émet moins de tonnes de CO_2 liées à l'énergie par habitant et par an (6,9) que l'Amérique du Nord (13), la Russie (11,6), le Moyen-Orient (7,8), l'Océanie (15,2), le Japon (9,6) ou la Corée du Sud (11,9). Et ce ratio décline entre 1990 et 2012 (– 19 %), alors qu'il croît dans l'ensemble des pays hors annexe 1 (+ 93 %), en Amérique latine (+ 48 %), au Moyen-Orient (+ 75 %), ou en Extrême-Orient (+ 116 %). L'intensité carbone de l'économie européenne s'avère déjà très efficiente (248 t éq CO_2 / M$ PIB), comparée à la moyenne mondiale (383), à celle des pays de l'annexe 1 (338) dont elle fait partie, des pays hors annexe (392), des États-Unis (413), de la Russie (762), du Moyen-Orient (390) ou de l'Extrême-Orient (439). Elle est en fait la plus basse de toutes les régions du monde à l'exception de l'Amérique latine. Le CO_2 lié à la production d'électricité décline de 9 % entre 1990 et 2011, alors qu'il croît partout ailleurs dans le monde et dans des proportions parfois considérables (Moyen-Orient : + 243 %, Extrême-Orient : + 324 %, Chine : + 526 %, pays hors annexe 1 : + 291 %). MEDDE, CDC-Climat, *op. cit.*

3 AEE, *L'Environnement en Europe*, *op. cit.*

quasiment atteint plusieurs années à l'avance. Elle paraît aussi bien placée pour remplir son engagement pris au titre de la seconde période du protocole de Kyoto d'une réduction moyenne de 20 % par rapport à l'année de référence sur l'ensemble de la période 2013-2020. Certes, cela n'est pas le cas pour ses objectifs à l'horizon 2030 (– 40 %) et 2050 (– 80 à – 95 %), soit une décarbonisation quasi totale, d'ici trente ans. Mais, on peut, à ce sujet, souligner certains aspects. Tout d'abord, avec les seules mesures existantes et donc sans mesures additionnelles, le déclin des émissions se poursuivra après 2020. La tendance est inverse dans nombre d'autres régions du monde. Ensuite, les objectifs de l'UE pour 2030 et 2050 sont unilatéraux. Enfin, ils sont très ambitieux.

Or, si les coûts du changement climatique sont plus élevés que ceux du bruit au sein de l'UE, ils ne semblent pas supérieurs à ceux de la pollution atmosphérique ou des perturbateurs endocriniens (voir tableau 3). Le coût annuel des dommages dus au changement climatique, en 2080, y est évalué à 120 milliards d'euros au plus, soit environ 1 % de son PIB en cas de respect de l'objectif des 2 °C, et entre 1,8 % (190 milliards d'euros) et 4 % de son PIB selon un scénario « *business as usual* » (BAU)[4]. Mais le coût annuel des perturbateurs endocriniens y est estimé à un montant proche : 157 milliards d'euros, soit 1,2 % du PIB de l'UE[5]. Les seuls coûts des principaux polluants de l'air y sont évalués, dès aujourd'hui, à un montant variant entre 353 et 1 482 milliards d'euros par an, soit 3 à 10 % de son PIB[6].

---

4 Joint Research Center (JRC), Commission européenne, *Climate Impacts in Europe. The JRC PESETA II Project*, 2014.

5 Leonardo Trasande *et al.*, « Estimating Burden and Disease Costs of Exposure to Endocrine-Disruptive Chemicals in the European Union », *The Journal of Clinical Endocrinology and Metabolism*, vol. 100, n° 4, 5 mars 2015.

6 European Commission, *Commission Staff Working Document Accompanying the Communication on a Revised EU Strategy on Air Pollution Proposal for a Revision of Directive 2001/81/EC on National Emission Ceilings for Certain Atmospheric Pollutants. Proposal for a Legislative Instrument on Control of Emissions. Medium Combustion Plants – Impact Assessment* SWD (2013) 531, European Commission, 2013 ; OECD, *The Cost of Air Pollution*, *op. cit.* ; WHO, OECD, *op. cit.*

Tableau 3 : Quelques évaluations des coûts annuels de différents problèmes environnementaux dans l'UE*

Changement climatique	Perturbateurs endocriniens	Pollution atmosphérique	Bruit
20 milliards d'euros en 2080 pour + 2,5 °C mais 65 milliards d'euros pour + 5,4 °C, soit 0,2 à 1 % du PIB pour 4 impacts de marchés : tourisme, agriculture, zones côtières, inondations et un impact hors marché : santé humaine [a] 190 milliards d'euros par an, en 2080 soit 1,8 % du PIB pour + 3,5 °C mais 120 milliards d'euros par an soit 1,2 % du PIB pour + 2 °C [b] Presque 4 % du PIB en 2100 pour + 3 °C, mais 0,5 à 1 % du PIB en 2100 pour + 1,5 °C [c]	157 milliards d'euros soit 1,2 % du PIB [d]	353 à 963 milliards d'euros en 2010 (pour PM + ozone) soit 3 à 7 % du PIB [e] 715 milliards de dollars (seuls coûts sanitaires des PM + ozone) en 2010 soit environ 5 % du PIB [f] 280 à 794 milliards d'euros en 2000 (pour PM + ozone) soit 3 à 10 % du PIB [g] 918 à 1482 milliards de dollars en 2010 (seuls coûts sanitaires des PM 2,5) soit 6 à 10 % du PIB [h]	64 milliards d'euros par an [i] 40 milliards d'euros pour l'UE à 22 [j]

* Tableau constitué par l'auteur à partir de :
a) Juan-Carlos Ciscar *et al.*, « Physical and economic consequences of climate change in Europe », *Proceedings of the National Academy of Sciences of the United States of America*, vol. 108, n° 7, 15 février 2011. ; b) JRC, *op. cit.* ; c) P. Watkiss (ed.), *op. cit* ; d) L. Trassande *et al.*, *op. cit.* ; e) European Commission, *Commission Staff Working Commission*, *op. cit.* ; f) OECD, The Cost of Air Pollution, *op. cit.* ; g) AEA Technology, *op. cit.* ; h) WHO, OECD, *op. cit* ; i) European Commission, *The costs of not implementing the environmental acquis*, septembre 2011. ; j) Eelco den Boer, Arno Schroten, *Traffic Noise Reduction in Europe- Health effects, social costs and policy options to reduce road and rail traffic noise*, CE Delft, 2007.

Quant au constat selon lequel, en matière climatique, les coûts de l'action sont inférieurs aux coûts de l'inaction, il se révèle également exact, en Europe, dans d'autres domaines environnementaux. D'une manière générale, au sein de l'UE, les coûts de non-atteinte de l'acquis communautaire en matière de déchets, de biodiversité, d'eau, de qualité de l'air, de produits chimiques et de bruit atteindraient entre 200 et 300 milliards d'euros par an, contre 50 milliards d'euros par an pour les mesures permettant de parvenir à ces objectifs[7]. L'application du nouveau « paquet air pur pour l'Europe », prêt à être adopté, engendrerait des bénéfices sanitaires de dix à trente-cinq fois supérieurs à ses coûts de mise en œuvre[8].

On peut donc, face à cette situation et à l'ambition climatique européenne, se poser les questions suivantes. La simple mise en place intégrale du paquet énergie-climat (PEC) pour 2020 permettrait de réduire les émissions de 32 % en 2030 par rapport à 1990. Une réduction de 8 points supplémentaires d'émissions représentant moins de 10 % du total des émissions mondiales aboutirait à une différence de moins de 1 % du total mondial. Ces efforts sont-ils justifiés, en l'absence de contreparties ? D'autant plus que les émissions de l'UE diminuant, tandis que les émissions mondiales doivent doubler d'ici 2050, sa part relative dans les émissions mondiales est conduite à se réduire de plus de moitié. Une décarbonisation quasi complète d'une part relative des émissions de plus en plus faible permettrait-elle de changer radicalement les données du problème mondial ? Ne serait-elle pas plus que compensée par l'augmentation des émissions des PVD, des pays émergents, des États non soumis aux engagements multilatéraux de réduction et/ou ne s'imposant pas de telles réductions dans un cadre national ? La persistance d'une « approche territoire » par l'UE ne favorise-t-elle pas de

7 European Commission, *The costs of not implementing the environmental acquis*, *op. cit.*

8 Mike Holland, *Cost-Benefit Analysis of Final Policy Scenarios for the EU Clean Air Package*, version 2, 2014.

tels « vases communicants » ? L'adoption d'une « approche empreinte » ne permettrait-elle pas des réductions d'émissions plus importantes à coût moindre ? Ne vaudrait-il pas mieux, à l'avenir, imaginer un objectif plus modeste mais calculé sur une base plus large, à savoir la consommation de GES et non leurs émissions ? L'Europe doit-elle continuer à privilégier constamment cette politique climatique qui n'engendre que des gains modestes, au détriment d'autres priorités environnementales ?

Enfin, il est frappant de constater que l'UE se fixe et assigne à ses États membres des normes plus rigoureuses que les normes internationales en matière climatique et moins strictes dans le domaine de la pollution atmosphérique. Les différents règlements et directives édictés en matière climatique et notamment ceux du PEC fixent des objectifs nettement plus ambitieux que ceux résultant des textes internationaux et, notamment, de la CNUCC et du protocole de Kyoto. *A contrario*, les seuils de dangerosité définis par l'UE, pour les polluants atmosphériques, sont presque toujours supérieurs à ceux recommandés par l'OMS. L'application des deux types de seuils conduit à des différences considérables dans le nombre d'Européens exposés à des niveaux considérés comme dangereux. Elle contribue fatalement à minorer l'importance accordée à la pollution atmosphérique en Europe. Selon le seuil retenu par l'UE, 31 % de sa population urbaine est exposée à des niveaux de $PM_{2,5}$, dangereux pour la santé, contre 96 % si l'on retient la recommandation de l'OMS. Les proportions de la population exposée selon les deux catégories de seuils sont, respectivement, de 33 % et 88 % pour les particules inférieures à 10 micromètres (PM_{10}), 14 % et 98 % pour l'ozone, 31 % et 94 % pour les benzo(a)pyrènes (BaP), 1 % et 46 % pour le SO_2. Ainsi, selon l'OMS, c'est la quasi-totalité de la population urbaine européenne qui se trouve exposée à des niveaux de pollution dangereux pour les $PM_{2.5}$, PM_{10}, BaP et l'ozone, alors qu'il s'agit toujours d'une minorité selon l'UE.

Le règlement européen 443/2009 du 23 avril 2009 fixe les émissions moyennes des nouvelles automobiles enregistrées dans l'UE, par constructeur, à 130 g CO_2/km dès 2015. Il prévoit des pénalités, payables par les constructeurs, pour chaque voiture immatriculée en excès, de 5 euros pour le premier gramme de CO_2/km en excès, de 25 euros pour le deuxième et de 95 euros pour chaque gramme suivant. À partir de 2019, la sanction financière sera de 95 euros dès le premier gramme. Ces pénalités, certainement très incitatives, peuvent donc représenter des sommes considérables pour les constructeurs. Il s'agit, pourtant, d'une approche uniquement centrée sur le CO_2, unilatérale et purement technique. Est-elle la meilleure ? Si les constructeurs respectent la norme et si le nombre de véhicules en circulation ou leur kilométrage augmente, elle ne permettra pas de diminuer les émissions totales du parc automobile.

D'autres démarches plus holistiques auraient pu être envisagées, telles que des sanctions financières par tonne de CO_2 au-delà d'un certain montant émis par l'ensemble du secteur des transports ou des pénalités en cas de non-atteinte d'objectif de report modal. Ce dernier type d'approche aurait peut-être permis de mieux répartir la charge sur les différents acteurs du secteur des transports, d'agir autant sur les variables techniques que comportementales ou organisationnelles, et d'influer également sur les polluants atmosphériques. En outre, la possession d'automobiles tendant à être fonction du revenu, la croissance du parc devrait être beaucoup plus rapide, à l'avenir, dans les PVD et les pays émergents[9].

De même, la proposition de révision de la directive sur la fiscalité de l'énergie présentée par la Commission européenne, en 2011, ne prenait en compte que la teneur en CO_2 des carburants et combustibles. Leur contenu en polluants atmosphériques était ignoré.

Curieusement, l'UE assigne des objectifs sans cesse plus élevés à sa politique climatique, alors qu'à la lecture du dernier

9 Marcos Chamon, Paolo Mauro, Yohei Okawa, « Cars: Mass Cars Ownership in the Emerging Market Giants », *Economic Policy*, vol. 23, n° 54, avril 2008.

rapport sur l'état et les perspectives de l'environnement en Europe, c'est dans ce domaine que les tendances semblent les plus favorables. Elles le sont beaucoup plus que pour d'autres thèmes environnementaux examinés : pollution de l'air et de l'eau, sols, biodiversité, bruit, perturbateurs endocriniens, etc. L'Agence européenne pour l'environnement (AEE) qualifie même ces évolutions de succès par rapport aux autres sujets d'environnement : « en ce qui concerne l'utilisation efficace des ressources et la société sobre en carbone, les tendances à court terme sont plus encourageantes », remarquant « le succès de l'UE dans la réduction de ses émissions de gaz à effet de serre » et son « succès dans le découplage entre consommation d'énergie et rendement économique[10] ». Elle soulignait également cette réussite et tentait d'en expliquer les causes dans une publication spécifique en 2014[11].

Néanmoins, fin 2014, à quelques semaines d'intervalle, la Commission européenne et le Conseil européen ont pris deux décisions diamétralement opposées et en contradiction avec ces constats.

En octobre, le Conseil européen a adopté un nouveau paquet énergie-climat, renforçant la politique européenne en la matière, pourtant déjà probablement la plus ambitieuse au monde. Les nouveaux objectifs fixés pour 2030 sont de réduire d'au moins 40 % les émissions de GES, de porter à 27 % la part des ENR dans le mix énergétique et d'améliorer de 27 % l'efficacité énergétique (éventuellement révisable à 30 % en 2020). Ces efforts supplémentaires vont accélérer la diminution des émissions de GES par l'UE. Mais ils s'appliqueront à moins de 10 % du total mondial et à une évolution à la baisse déjà bien entamée. D'ici 2030, la croissance des émissions des pays hors annexe 1 effacera complètement, et bien au-delà, ces nouveaux efforts européens. L'effet net du passage des objectifs du paquet énergie-climat de 2008 (3x20)

10 AEE, *L'Environnement en Europe, op. cit.*

11 EEA, *Why did greenhouse gas emissions decrease in the EU between 1990 and 2012?*, EEA, 2014.

aux nouveaux objectifs décidés en 2014 sera donc très faible au plan mondial.

En décembre 2014, la Commission européenne a annoncé l'abandon du paquet de mesures, y compris législatives, sur la qualité de l'air préparé depuis 2011 et adopté par la Commission en décembre 2013.

Ces deux décisions ne semblent pas conformes à la hiérarchie des problèmes environnementaux telle qu'elle se pose à l'intérieur de l'UE.

La pollution de l'air (par les $PM_{2,5}$ et l'ozone uniquement) y entraîne chaque année plus de 440 000 décès prématurés, 23 milliards d'euros de coûts directs à la santé, à l'agriculture et aux bâtiments et entre 330 et 1482 milliards d'euros de coûts externes liés à la santé[12]. Or, la mise en œuvre du nouveau train de mesures proposé, par rapport à la seule application des dispositions aujourd'hui en vigueur, aurait permis d'éviter, annuellement, 58 000 décès prématurés et entre 40 et 140 milliards d'euros de coûts externes sanitaires, outre une diminution des coûts directs résultant des dommages aux récoltes et aux immeubles, des journées de travail perdues, etc.[13]

Dans un cas, un choix, certes symbolique politiquement, et un effort important en lui-même, mais dont les conséquences demeureront relativement faibles en termes quantitatifs. Dans l'autre, et quasi simultanément, le refus de mettre en œuvre de nouvelles mesures, prêtes, permettant d'éviter chaque année plusieurs dizaines de milliers de décès prématurés et plusieurs dizaines de milliards d'euros en coûts sanitaires.

Il est significatif que les médias aient bien davantage évoqué la première décision que la seconde. De même, la mobilisation des

12 European Commission, *Commission Staff Working Document, op. cit* ; WHO, *Burden of Disease from Ambient Air Pollution for 2012: Summary of results*, WHO ; http://www.who.int/phe/health_topics/outdoorair/databases/AAP_BoD_results_March2014.pdf

13 European Commission, *Environment: New Policy Package to Clean Up Europe's air*, European Commission, IP/13/1274, 18 décembre 2013.

ONG pour le nouveau paquet énergie-climat a été sans commune mesure avec celle en faveur du paquet air pur pour l'Europe (voir chapitre 1). Certes, la Commission européenne a finalement infléchi sa position, annonçant, en janvier 2015, que le projet de nouvelle directive sur les plafonds d'émission n'était plus abandonné mais serait retravaillé, ce qui pourrait aboutir à restreindre ses ambitions. Il n'empêche, la quasi-simultanéité, fin 2014, d'une décision positive et ambitieuse en matière de politique climatique et d'une autre immobiliste en matière de pollution de l'air confirme le primat du premier sujet sur le second au sein de l'UE, même si ce dernier y semble davantage dommageable.

Une politique énergétique tirée vers la politique climatique ?

Même si l'on admet que le changement climatique est d'une importance capitale, les considérations relatives à ce phénomène ne peuvent, à elles seules, tenir lieu de politique énergétique.

Une politique énergétique se construit sur la base de plusieurs éléments, différents selon la situation d'un pays, sa stratégie et sa politique globale. Y entrent, à des degrés divers en fonction des cas, des considérations tenant à la quantité, la qualité et la variété des ressources énergétiques locales, à la maîtrise nationale de telle technique de production, au solde de la balance commerciale et donc au souhait éventuel de modérer les importations énergétiques, au désir d'une plus ou moins grande souveraineté dont peut découler une volonté de réduire la contrainte énergétique, à l'état des relations diplomatiques avec les principaux pays producteurs d'énergie, aux interconnexions avec les pays voisins. Y concourent aussi des éléments relatifs à la maîtrise des coûts de l'énergie pour des raisons de compétitivité (tarifs réduits pour les industries exportatrices ou grandes consommatrices d'énergie) ou sociales (tarifs sociaux, chèque énergie), à l'historique et à la situation plus ou moins concurrentielle du secteur (tarifs réglementés ou non), au souhait d'un mix énergétique permettant de répartir les risques, à la santé et à l'environnement (désir de diminuer l'usage de tel carburant ou de tel combustible du fait de ses émissions nocives), à la fiscalité (l'énergie étant taxée, parfois très différemment d'un produit à l'autre, une modification du mix énergétique peut entraîner une baisse des recettes budgétaires), à l'industrie (l'appareil de raffinage national peut être plus ou moins spécialisé dans tel ou tel produit), etc.

Les aspects liés au changement climatique et à la volonté de maîtriser ou diminuer les émissions de GES sont désormais une nouvelle composante importante de ces politiques. Mais ils ne font que s'ajouter aux éléments cités ci-dessus. Ils ne les oblitèrent pas. Une politique climatique ne saurait donc se substituer à une politique énergétique. Au contraire, la difficulté vient de ce qu'elle doit venir s'ajouter aux éléments qui la composent, sans pour autant que ceux-ci cessent de continuer à jouer leur rôle. Conformément au principe d'intégration de l'environnement dans les politiques publiques, les préoccupations climatiques mais aussi environnementales (les deux n'étant pas toujours identiques, comme on l'a rappelé) doivent venir infléchir la politique énergétique et ses composantes, infuser en elles, sans pour autant les nier ou les remplacer.

Cet exercice est difficile. D'abord, parce que les considérations climatiques sont les dernières arrivées dans la formulation des politiques énergétiques. Elles viennent donc se heurter à des habitudes, à des résistances au changement, à des piliers plus anciennement établis des politiques énergétiques et, de ce fait, parfois considérés comme plus légitimes. Ensuite, parce que certains pans des politiques énergétiques, aujourd'hui poursuivis, sont clairement contradictoires avec les objectifs des politiques climatiques. Par exemple, les énergies fossiles, très émettrices de CO_2 et d'autres substances nocives demeurent, encore souvent, moins chères que les énergies renouvelables. Elles permettent aussi une certaine sécurité énergétique pour les pays qui en sont pourvus.

Également parce qu'à l'inverse, certains assimilent, à tort, politique climatique et politique énergétique, ou considèrent que les revendications climatiques doivent devenir le déterminant premier des politiques énergétiques. Or, pour les raisons économiques, budgétaires, sociales, de souveraineté qu'on a rappelées, il s'agit là d'un vœu pieux.

Comment concilier ces aspects ? L'Europe, qui est pourtant née des questions énergétiques (Communauté européenne du charbon et de l'acier, Communauté européenne de l'énergie atomique), développe une politique climatique dynamique mais n'a pas véritablement de politique énergétique commune. Or, la première ne suffit pas et ne saurait tenir lieu de politique énergétique. Face à la dimension géostratégique des questions énergétiques, elle peut de moins en moins se passer de la définition et de la mise en œuvre d'une vraie politique énergétique commune. Celle-ci doit notamment permettre de réduire sa dépendance de l'Europe, d'améliorer ainsi sa sécurité énergétique, de réaffirmer une solidarité concrète dans ce domaine entre les États membres inégalement pourvus en ressources, de faciliter des économies d'échelle à travers des programmes de recherche et développement, voire d'achats conjoints, et aussi, mais pas seulement, de poursuivre une politique climatique.

Le taux d'autonomie énergétique très variable des États membres, la dépendance persistante de certains pays européens à l'égard du gaz russe, l'élargissement de l'UE à des pays dont le mix énergétique est davantage fossile (Pologne, Hongrie, République tchèque, Slovaquie, etc.) et pour lesquels les aspects climatiques sont loin d'être prioritaires dans leur politique énergétique, les hésitations et les divergences internes à l'UE face à la crise ukrainienne, en partie pour des raisons énergétiques, le désir de nombre de pays de conserver des prix de l'énergie bas, voire de continuer à la subventionner pour des raisons tant économiques que sociales, confirment, si besoin était, la nécessité de cette politique énergétique européenne et le fait qu'elle ne peut se résumer à une politique climatique.

Les derniers développements de la politique européenne ne répondent pas véritablement à ce double enjeu. Ainsi, le paquet énergie-climat, adopté par l'UE en 2008, salué à l'époque et depuis, malgré sa dénomination courante, s'apparente beaucoup plus à un paquet climat qu'à un paquet énergie. Du triple objectif pour 2020 (– 20 % de GES, + 20 % d'énergies renouvelables dans le mix énergétique, + 20 % d'efficience énergétique), les trois concourent pleinement à la politique climatique. Mais seul le dernier contribue véritablement au renforcement de la sécurité énergétique, le deuxième n'y participant que de façon relative. Il en est de même du nouveau paquet énergie-climat, adopté fin 2014. À l'inverse, les rares éléments existants d'une politique énergétique n'intègrent guère les considérations climatiques. Ainsi en est-il de la directive sur les accises énergétiques. Elle ne contribue pas à la politique climatique européenne et ne participe à la politique énergétique européenne elle-même que par raccroc. D'abord car elle ne fixe que des taux minima, laissant les États libres d'aller au-delà. Ensuite et surtout car elle a été adoptée, avant tout, dans un esprit de marché intérieur, de façon à éviter des stratégies de *dumping* sur les prix de l'énergie par les États membres et de « tourisme énergétique » de la part de certains acteurs privés. Mais, quoi qu'il en soit, les taux minimaux qu'elle fixe ne prennent nullement en compte les facteurs d'émission en GES des différents combustibles et carburants visés. Et le projet de réforme en ce sens de la directive n'a pas abouti.

Par ailleurs, le paquet énergie-climat de 2008 ne paraît pas vraiment harmonisé avec le paquet énergie de 2009. Le premier laisse une certaine compétence aux États membres pour décider de leur mix tandis que le second vise à approfondir le marché intérieur de l'énergie.

Il faut néanmoins souligner que sur de nombreux points, politique climatique et politique énergétique ne sont pas incompatibles et se retrouvent. La diminution de la dépendance énergétique, les économies d'énergie, la diversification du mix, le développement des énergies renouvelables ayant déjà atteint la

« parité réseau », la réduction des subventions aux énergies fossiles et leur réorientation vers les économies d'énergie, voire vers les ENR, constituent autant de points communs. C'est d'ailleurs sous l'angle de la sécurité énergétique, plus que du changement climatique, que le président américain promeut sa politique en faveur des énergies renouvelables et des économies d'énergie[14].

Le primat climatique entraîne une modification des bénéficiaires des politiques environnementales

Le poids croissant de l'enjeu climatique dans les politiques environnementales et le déclin relatif et corrélé de leurs autres aspects entraîne une conséquence qui semble avoir été peu remarquée et débattue jusqu'ici. La politique climatique étant plus internationale que d'autres aspects de la politique environnementale, les bénéfices de la politique environnementale deviennent de moins en moins nationaux. Ses bénéficiaires sont de moins en moins les citoyens des États qui les conduisent, au moins en ce qui concerne les pays du Nord, et, de plus en plus, les biens publics globaux et les biens environnementaux des pays étrangers.

Une évolution de ce type semble parfaitement défendable au nom de plusieurs arguments. Par exemple, comme on l'a rappelé, les conséquences sanitaires de la dégradation de l'environnement étant plus importantes dans les PVD, on pourrait motiver ainsi le fait qu'une part croissante de la politique environnementale des pays riches soit consacrée aux problèmes d'environnement des PVD. De même, la biodiversité la plus riche et la moins connue se trouvant dans les pays du Sud, un redéploiement

14 Voir, par exemple, Barack Obama, *Remarks of President Barack Obama – Address to joint session of Congress*, 24 février 2009 ; *Weekly Address*, 17 février 2012.

partiel des politiques de la biodiversité des pays riches au profit de ces pays, et notamment de leurs « *hot spots* » de biodiversité, peut se justifier pour des raisons de connaissance et de protection. Dans le même domaine, le fait que le potentiel, pharmaceutique par exemple, de la biodiversité des pays du Sud soit plus vaste constitue un argument sanitaire et économique notable en faveur d'une telle évolution. D'un point de vue social, celle-ci semble légitime si l'on rappelle que la biodiversité occupe une plus large part dans le revenu des habitants des PVD que dans celui des pays riches. En ce qui concerne le climat, elle le serait au nom du caractère de bien public global de celui-ci et/ou parce que les PVD seront davantage affectés par le changement en cours.

Mais cette évolution pose néanmoins plusieurs problèmes, de nature différente. Tout d'abord, en matière climatique comme en matière de biodiversité et dans d'autres domaines environnementaux, il existe des conventions internationales voire des directives de l'UE, auxquelles les États sont parties et qui s'appliquent sur leur territoire. Ces textes fixent des objectifs que les pays sont tenus d'atteindre à l'intérieur de leurs frontières, ce à quoi ils peinent parfois. Pour ce faire, ils doivent y consacrer les moyens nécessaires. Ensuite, cette évolution semble plus difficilement justifiable du point de vue du cadre de vie des citoyens d'un État et de leur bien-être environnemental. En effet, elle conduit à minorer la part de la politique environnementale nationale consacrée à l'amélioration de la qualité de l'eau et de l'air sur le territoire (permettant une augmentation de la durée de vie des citoyens exposés et une diminution des coûts sanitaires et des journées de travail perdues de ce fait), à la diminution des nuisances sonores auxquelles est exposée la population nationale, à l'entretien, la conservation, l'embellissement, l'accessibilité des paysages et espaces verts qui contribuent à son bien-être qualitatif et à son épanouissement, etc. Or le rôle d'un État n'est-il pas avant tout d'exercer sa souveraineté dans les limites de son territoire, au bénéfice de ses nationaux et sur les biens sur lesquels sa juridiction a compétence ?

Alors que la réduction des émissions de GES entraîne une amélioration environnementale globale indéniable, elle n'est pas perceptible localement en termes d'avantages induits pour les habitants. C'est, au contraire, le cas de la diminution des dommages issus de certains polluants. Une grande partie de ces externalités sont locales et peuvent donc être ressenties, voire appropriées, par les acteurs locaux, c'est-à-dire par ceux qui font ou feront les efforts de consommation, d'adaptation, de mise en place des infrastructures et de changement d'habitudes. Les efforts en matière de pollution atmosphérique entraînent des conséquences positives à court terme, d'abord et avant tout sur la qualité de vie de ceux qui les effectuent, tant de façon géographique que temporelle. C'est un facteur de démonstration et de mobilisation. Cela permet aussi un modèle économique en circuit plus court. Il s'agit là d'une situation inversée par rapport à celle découlant de la politique climatique. Les actions accomplies localement en matière d'atténuation des émissions de GES profitent à la planète entière à un horizon lointain et n'ont quasiment aucun impact localement à court et moyen terme, d'où une tentation du ticket gratuit.

En outre, une évolution de ce type risque d'être régressive en termes d'équité intragénérationnelle au plan national. En effet, les catégories défavorisées sont davantage exposées à la pollution atmosphérique et à d'autres nuisances environnementales. Un transfert de moyens des politiques relatives à ces nuisances vers la politique climatique leur nuirait donc davantage.

Par ailleurs, à partir de quel degré et de quel montant un tel redéploiement trouverait-il ses limites tant en termes de consentement politique et sociologique à payer l'impôt qu'en termes juridiques, par exemple, en France au regard de l'article 13 de la Déclaration des Droits de l'Homme et du Citoyen[15] ?

---

15 « Pour l'entretien de la force publique, et pour les dépenses d'administration, une contribution commune est indispensable : elle doit être également répartie entre tous les citoyens, en raison de leurs facultés. »

Enfin, une telle réorientation des politiques environnementales nationales vers l'international, avec les conséquences politiques, sociales, sanitaires, sociétales et économiques qui en découlent, ne semble pas avoir fait l'objet ni de choix politiques explicites, ni de débats devant les représentations nationales, ou devant les citoyens des pays concernés eux-mêmes.

Il ne s'agit pas ici de nier *a priori* qu'une telle réorientation puisse se trouver justifiée ou bénéficier d'arguments plaidant en sa faveur. Il s'agit encore moins de défendre un « cartiérisme environnemental », même si les nationaux d'un État peuvent légitimement prétendre aux bénéfices d'une politique environnementale qu'ils financent. Il s'agit, plus simplement et plus modestement, de soulever cette question posée par le primat climatique et qui ne fera sans doute que s'accentuer. Les vifs débats récents autour des transferts financiers européens en faveur de la Grèce et de leur légitimité au regard du consentement à voter et à payer l'impôt en fournissent un avant-goût. Des transferts accrus en faveur d'États extra-européens, au profit d'un sujet climatique plus difficilement tangible pour l'opinion, qui demeure contesté, partiellement au moins, et à horizon temporel lointain risquent d'accroître l'intensité de ces débats.

CHAPITRE 5

Le primat climatique est-il justifié en France ?

Le changement climatique est devenu la priorité absolue des politiques environnementales de la France. Serait-ce en raison du poids disproportionné de ses émissions de GES par rapport au total mondial ? Ou cela ferait-il suite à de mauvaises performances nationales ? Ou cela résulterait-il d'une tendance à l'accroissement de ses émissions ? Ou cela témoignerait-il de retards qu'il conviendrait de rattraper dans l'atteinte des objectifs en la matière ? Ou serait-ce parce qu'un écart tel avec l'importance intrinsèque d'autres sujets d'environnement le placerait en tête de ceux-ci ? Ou cela découle-t-il de son coût nettement plus élevé que celui d'autres problèmes écologiques ? Ou cela provient-il de risques de contentieux plus nets que pour d'autres thèmes environnementaux ? Ou encore est-ce car il est perçu, subjectivement, comme nettement plus préoccupant que les autres questions d'environnement ?

En réalité, en France, le changement climatique ne semble répondre à aucun de ces critères d'importance relative. Aucun de ces motifs ne paraît y justifier le primat climatique.

\ La part des émissions nationales dans le total mondial justifie-t-elle la priorité accordée au changement climatique par la France ?

Le changement climatique étant un phénomène global, une priorité nationale accordée à ce sujet pourrait se trouver justifiée si l'État concerné est responsable d'une proportion notable des émissions mondiales.

Or, représentant plus de 4 % du PIB mondial, la France n'est responsable que de moins de 1 % des émissions mondiales. Une politique de réduction rapide et ambitieuse de ses émissions de GES n'engendrerait donc qu'un effet infinitésimal. Le primat climatique au sein des politiques environnementales françaises ne semble donc pas pouvoir se justifier par le poids de la France dans les émissions mondiales.

L'objectif français en matière climatique est celui du facteur 4 en 2050. Cet objectif est-il nécessaire ou utile pour la résolution de l'enjeu climatique ? Les émissions mondiales auront doublé d'ici 2050. Si les émissions françaises demeuraient stables, elles ne contribueraient donc que pour 0,5 % au total mondial à cette date. Mais, puisqu'elles diminuent tendanciellement, elles représenteront un peu moins. L'objectif d'une division par 4 des émissions françaises actuelles en 2050, dans un contexte de doublement des émissions mondiales, les conduirait à ne plus représenter que 0,125 % du total mondial en 2050, au lieu d'un peu moins de 0,5 %. Cela signifie que la France émettrait, en moyenne (en supposant une évolution linéaire), 0,56 % des émissions mondiales de la période 2015-2050 et non 0,75 %. Cette différence de moins de 0,2 % des émissions mondiales de la période représenterait 0,12 ppm sur 400 parties par million (ppm) aujourd'hui et 460 attendues en 2050[1]. Autant dire qu'il s'agit là d'une différence

1 Albert Bressand, *Énergie-climat : pour une politique efficace*, Fondapol, 2014.

insignifiante au plan international, le seul pertinent en matière de raisonnement sur les politiques d'atténuation, et qui n'est guère en mesure d'influer sur l'évolution du climat mondial d'ici 2050.

\ Le primat accordé au changement climatique ne résulte pas de mauvaises performances nationales

Si la France fait de la lutte contre le changement climatique sa priorité, son déterminant essentiel, son Graal en matière environnementale, serait-ce parce que ses performances en la matière sont particulièrement mauvaises et qu'elle souffre d'un retard par rapport à des pays voisins et comparables ? Il ne le semble pas, bien au contraire.

Avec 170 t de CO_2 dus à la combustion d'énergie émis par million de dollars de PIB en 2012, la France se situe au second rang dans l'UE, après la Suède, bien en dessous de la moyenne européenne (248 t de CO_2) ou mondiale (383 t), du Japon (305 t), des États-Unis (357 t), de la Chine (521 t), de la Russie (762 t), etc.

En ce qui concerne le CO_2 dû à la combustion d'énergie par habitant, les émissions françaises sont, en 2012, de 5,1 t par habitant contre 4,5 pour la moyenne mondiale, mais 6,1 pour la Chine, 6,9 pour l'UE, 9,2 pour l'Allemagne, 9,5 pour le Japon, 11,5 pour la Russie, 16,1 pour les États-Unis, etc.[2]

Son secteur électrique est particulièrement performant, n'émettant que 61 g CO_2/kWh en 2011[3], 90 % de l'électricité provenant de sources décarbonées. Le mix électrique est le moins carboné de l'UE (352 g CO_2/kWh), après la Suède. Il émet moins des deux tiers de la moyenne du mix de l'UE.

---

2 MEDDE, CDC Climat, *Chiffres clés du climat, op. cit.*

3 *Ibid.* Utilisant une méthodologie différente, l'Ademe, ne prenant pas en compte la cogénération, fournit une valeur de 56 g CO_2/kWh.

Le parc automobile français apparaît aussi comme l'un des moins carbonés. Avec une moyenne de 117 g CO_2/km pour les véhicules de tourisme neufs en 2013, la France se situe, au sein de l'UE, au cinquième rang sur 28, et nettement au-dessous de la moyenne de l'UE (127 g CO_2/km).

En termes d'émissions de GES (et non plus seulement de CO_2), le positionnement français apparaît un peu moins bon, mais toujours très favorable par rapport à ses pairs. Par habitant, la France émet 7,7 tonnes d'équivalent CO_2 (GES) en 2010, contre 9,1 pour la moyenne de l'UE. Elle se classe au huitième rang sur 28 et première parmi les grandes économies de l'Union.

L'évolution récente va dans le bon sens. Alors que de nombreux pays développés, émergents ou en voie de développement continuent à accroître leurs émissions de CO_2, la France diminue les siennes. Entre 1990 et 2012, elles baissent de 12 %. Celles dues à l'énergie décroissent de 5 % contre une augmentation de 51 % en moyenne mondiale. Par habitant, elles déclinent de 6,1 t à 5,1 t/habitant, soit – 16 %, et le contenu en CO_2 du PIB diminue d'un tiers[4]. Enfin, les émissions de GES passent de 9,6 t éq CO_2/habitant à 7,5 t éq CO_2/habitant, soit – 26 %.

\ D'autres questions environnementales semblent d'une importance comparable en France

Comme à l'échelle mondiale ou dans les PVD, d'autres questions environnementales paraissent d'une importance égale, sinon supérieure, à celle du changement climatique en France.

4 Centre interprofessionnel technique d'étude de la pollution atmosphérique (CITEPA), *Inventaires des émissions de pollutions atmosphériques en France. Séries sectorielles et analyses étendues. Format SECTEN*, 2014, www.citepa.org ; MEDDE, *L'Environnement en France en 2014*, 2014 ; MEDDE, CDC Climat, *Chiffres clés du climat*, *op. cit.*

La pollution de l'air

La canicule de 2003 avait causé 15 000 décès prématurés en France. Si l'on estime que ce type d'événement revient à un rythme décennal, cela équivaut à une moyenne annuelle de 1 500 décès prématurés. Si l'on ajoute les quelques dizaines à quelques centaines de morts dues à des catastrophes naturelles, estimation possible mais non prouvée, et même en admettant que l'essentiel serait dû au changement climatique, ce qui n'est pas établi, on demeure en dessous des 2 000 décès par an. Une simulation européenne, moins optimiste, évalue à 100 000 le nombre de décès dans l'UE en cas d'augmentation de la température de 3,5 °C et à 80 000 si la limite de + 2 °C était respectée[5]. Rapporté mécaniquement au poids démographique de la France, cela signifierait, respectivement, 13 000 ou 10 400 décès annuels supplémentaires.

Or, les décès prématurés dus à la pollution de l'air intérieur sont évalués à près de 20 000 par an en France[6]. En ce qui concerne la pollution de l'air extérieur, en 2011, les décès prématurés dus uniquement aux $PM_{2,5}$ et à l'ozone étaient estimés à plus de 48 000. La France se classe ainsi au troisième rang européen pour la mortalité causée par ces polluants[7]. Quant aux décès prématurés dus aux PM_{10}, ils étaient évalués à 31 692 en 1996[8]. Le nombre de décès annuels dus à la pollution atmosphérique

---

5 JRC, *op. cit.*

6 Agence nationale de sécurité sanitaire de l'alimentation, de l'environnement et du travail (ANSES), *Étude exploratoire du coût socio-économique des polluants de l'air intérieur*, rapport d'étude, 2014.

7 EEA, *Air quality in Europe – 2014 Report*, EEA Report n° 5, EEA, 2014. L'OMS estime toutefois le nombre de décès prématurés dus aux particules fines à 16 892, seulement, en 2010 : WHO, OECD, *op. cit.*

8 Olivier Chanel *et al.*, *Monétarisation des effets de la pollution atmosphérique sur la santé de la population française : une approche européenne*. Étude réalisée pour le compte de l'Ademe dans le cadre du programme PREDIT. Résultats français de l'étude « trinationale » (France, Suisse, Autriche) : « Health Costs Due to Road Traffic-Related Air Pollution », OMS, bureau régional de l'Europe, 1999.

semble donc très nettement supérieur à celui imputable au changement climatique.

En outre, la France ne respecte toujours pas les seuils européens fixés pour la protection de la santé humaine pour la moitié des 15 polluants réglementés : PM_{10}, $PM_{2,5}$, NO_2, ozone, BaP, nickel, cadmium[9]. Elle se conforme encore moins à ceux recommandés par l'OMS, notamment pour les $PM_{2,5}$, les PM_{10} et l'ozone. L'OMS préconise de diminuer la concentration de $PM_{2,5}$ à 10 microgrammes par m^3. Sur 17 villes françaises étudiées entre 2004 et 2010, une seule atteignait cette valeur guide. Si les autres l'imitaient, leurs habitants de 30 ans amélioreraient de 3,6 à 7,5 mois leur espérance de vie, selon leur lieu de résidence. Les trentenaires du Havre, de Rouen et de Toulouse, dont les niveaux de concentration sont de 14,2 à 15,3, gagneraient de 3,4 à 4,6 mois d'espérance de vie ; ceux de Bordeaux et Strasbourg pourraient gagner 5 mois ; ceux de Lille, Lyon et Paris, dont le taux s'établit autour de 16,5, 6 mois ; ceux de Marseille, dont le taux moyen est de 18,5, 7 mois et demi. De même, la valeur guide journalière recommandée par l'OMS pour l'ozone (1 000 g/m^3) est assez fréquemment dépassée sur le territoire. Son respect permettrait d'éviter plusieurs dizaines de décès par an[10]. Néanmoins, l'exposition à l'ozone, qui dépasse la moyenne de l'UE, a augmenté entre 2000 et 2013, en France[11].

La biodiversité

La France possède une biodiversité exceptionnelle. Elle fait partie des 20 pays « mégadivers » et est le seul État européen dans

9 MEDDE, *L'Environnement en France en 2014*, *op. cit*.

10 Christophe Declercq *et al.*, *Impact sanitaire de la pollution atmosphérique dans neuf villes françaises. Résultats du projet APHEKOM*, INVS, 2012 ; Magali Corso *et al.*, « Impact à court terme des particules en suspension (PM_{10}) sur la mortalité dans 17 villes françaises, 2007-2010 », *Bulletin épidémiologique hebdomadaire*, 2015.

11 OECD, *Green Growth Indicators, 2014*, *op. cit.* ; CGDD, *Bilan de la qualité de l'air en France en 2013*, MEDDE-CGDD, 2014.

ce cas. L'hexagone se trouve situé dans quatre des onze zones biogéographiques européennes différentes. Cela suffit à faire de la France l'un des pays de l'UE présentant les écosystèmes les plus variés. Plus de 75 % des types d'habitats naturels identifiés comme prioritaires en Europe sont présents en métropole. Celle-ci abrite, en outre, 40 % de la flore d'Europe. Mais l'importance de la biodiversité française n'apparaît dans toute son ampleur que si l'on inclut son domaine maritime et l'outre-mer. Les collectivités françaises d'outre-mer sont situées dans huit grandes régions biogéographiques des zones australe, antarctique, équatoriale, tropicale, subboréale et correspondent à six des « *hot spots* » de la biodiversité mondiale. Elles présentent, en outre, un niveau d'endémisme important. Il est le second au monde en Nouvelle-Calédonie. La France abrite également 10 % des récifs coralliens mondiaux.

Or, l'état de la biodiversité française n'est pas bon. La France figure au second rang des pays ayant perdu le plus grand nombre d'espèces animales et végétales connues depuis le début du siècle, au sixième rang mondial de ceux hébergeant des espèces d'oiseaux les plus menacées d'extinction globale et parmi les dix pays abritant le plus grand nombre d'espèces mondialement menacées de disparition[12]. Seulement 28 % des espèces et 22 % des sites français désignés au titre de la directive Habitats sont dans un état de conservation favorable[13].

L'eau

La qualité de l'eau demeure insatisfaisante en France. Certaines pollutions ne régressent pas. La concentration en pesticides progresse dans l'ensemble des ressources en eau. En 2005,

12 UICN, *Liste rouge des espèces menacées*, 2014, www.uicn.org

13 Farid Bensettiti *et al.*, *Évaluation de l'état de conservation des habitats et des espèces d'intérêt communautaire*, MNHN-SPN 2012,http://spn.mnhn.fr/spn_rapports/archivage_rapports/2012/SPN%202012%20-%2027%20-%20Guide_methodologique_EVAL_V1_fev-2012.pdf

les pesticides recherchés étaient présents dans 91 % des points de mesure des cours d'eau et 55 % de ceux des nappes souterraines[14]. Une proportion croissante des eaux potables nécessite traitement avant distribution pour respecter les normes de santé publique (par exemple 100 % des eaux de surface en Île-de-France, 65 % des eaux bretonnes). En ce qui concerne les nitrates, la teneur moyenne est passée, du début du XXe siècle au début du XXIe siècle, de 3 mg/l à 16 mg/l dans les eaux de surface et de 2 mg/l à 21 mg/l dans les eaux souterraines. En 2009, 41 % des masses d'eau souterraines et 21 % des masses d'eau superficielles ne présentaient pas un état chimique satisfaisant.

\ La priorité accordée par la France au changement climatique se justifie-t-elle par des conséquences économiques plus importantes ?

La priorité accordée par la France à sa politique climatique ne semble pas pouvoir s'expliquer par des conséquences économiques très supérieures à celles d'autres questions environnementales.

Les émissions de CO_2 se montent en 2012 à 302 Mt en incluant l'utilisation des terres, leur changement et la forêt (UTCF) ; mais il convient toutefois de prendre en compte la totalité des émissions des différents GES en équivalent CO_2, soit 430 Mt[15]. Cela représente une externalité totale de 2,15 milliards d'euros au cours actuel du marché ETS (environ 5 euros la tonne, €/t) ; de 7,31 milliards d'euros si l'on adopte l'hypothèse de 17 €/t retenue en 2009 pour la contribution climat énergie (CCE) ; de 13,76 milliards d'euros si l'on retient la valeur de

14 Éric Vindimian, Gisèle Parfait, *Réduire les pollutions et les impacts sur la biodiversité*, note de cadrage de l'atelier « Pollutions », Conférence française pour la biodiversité, 2010.

15 CITEPA, *op. cit.*

32 €/t proposée par la Commission Quinet[16], et de 10,75 milliards d'euros si l'on utilise la valeur centrale de 25 €/t recommandée par le *Handbook on Estimation of External Costs in the Transport Sector* pour l'année 2010[17].

Dans le domaine de la pollution de l'air, les travaux concernant la valorisation de certains polluants sont peu avancés ou divergents. Mais, pour d'autres, des valeurs plus robustes ont été proposées. C'est notamment le cas pour le SO_2, les COV, NO_x, PM_{10}, $PM_{2,5}$, sur lesquels ont été effectués plusieurs travaux. Sur la base de ces études, le *Handbook* recommande de retenir les valeurs suivantes :

COVNM : 1 400 €/t ;

SO_2 : 8 000 €/t ;

NO_x : 7700 €/t.

Les émissions françaises pour ces polluants s'élèvent, en 2012, à :

COV : 711 kt, soit une externalité totale de 995,4 millions d'euros ;

NO_x : 983 kt, soit une externalité totale de 7,569 milliards d'euros ;

SO_2 : 232 kt, soit une externalité totale de 1,856 milliard d'euros[18].

16 Alain Quinet *et al.*, *La valeur tutélaire du carbone*, La Documentation française, 2009.

17 Markus Maibach *et al.*, *Handbook on Estimation of External Costs in the Transport Sector*, CE Delft, 2008.

18 CITEPA, *op. cit.*

Pour les particules fines, le *Handbook* propose des valeurs différentes selon la source d'émission et la taille de l'agglomération[19], ce qui complique un peu les calculs. Plusieurs études globales portant sur la France ayant été publiées, il paraît plus simple de s'en inspirer en ne prenant en compte que les impacts sanitaires.

En ce qui concerne les PM_{10}, le coût des impacts sanitaires (mortalité plus morbidité) a été évalué sur le nombre de cas en 1996 par trois études partant d'hypothèses de valorisation différentes à, respectivement, 39,16 milliards d'euros[20], 20,76 milliards d'euros[21] et entre 23,38 et 42,31 milliards d'euros[22]. En ce qui concerne les $PM_{2,5}$, les trois mêmes études proposaient des évaluations respectives de 46,87 milliards d'euros, 27,78 milliards d'euros et entre 25,31 et 29,88 milliards d'euros. Toutefois, pour les $PM_{2,5}$, les calculs avaient été effectués sur la base du nombre de décès prématurés estimés en 2000[23] (42 202). Si l'on actualise cette donnée par les nouvelles estimations démographiques et de concentrations en polluants atmosphériques pour 2011 (46 339 décès prématurés)[24], sans modifier les valeurs unitaires ni les données relatives à la morbidité, on obtient des coûts, respectivement, de 50,59 milliards d'euros, 30,35 milliards d'euros et entre 56,44 et 29,88 milliards d'euros.

---

19 $PM_{2,5}$: 392 000 €/t pour les métropoles de plus de 0,5 million d'habitants ; 126 600 €/t pour les métropoles de moins de 0,5 million d'habitants ; 78 400 €/t en milieu rural. PM_{10} issues des transports : 156 900 €/t pour les métropoles de plus de 0,5 million d'habitants ; 50 500 €/t pour les métropoles de moins de 0,5 million d'habitants ; 31 400 €/t en milieu rural. PM_{10} issues de la production d'électricité : 13 400 €/t en milieu urbain, 10 500 €/t en milieu non urbain.

20 O. Chanel *et al.*, *op. cit.*

21 M. Boiteux, L. Baumstarck, *op. cit.*

22 European Commission, *ExternE: Externalities of Energy – Methodology 2005 Update*, European Commission, 2005.

23 AEA Technology, *op. cit.*

24 EEA, *Air Quality in Europe – 2014 Report*, *op. cit.*

Il ne serait guère rigoureux d'additionner strictement ces chiffres, ne serait-ce que parce que certains effets, notamment sanitaires, de plusieurs de ces polluants peuvent se conjuguer. Toutefois, cela est vrai dans les deux sens. Les législations et les valeurs guides existantes adoptent une approche polluant par polluant. Or, l'exposition est multi polluants. Une exposition à un « cocktail » de polluants à des niveaux inférieurs aux valeurs guide de chacun d'entre eux pourrait causer des effets plus importants que ceux de l'exposition à un niveau supérieur à la valeur guide d'un seul d'entre eux.

Même si l'on ne retient qu'un seul type de particules en se limitant toujours aux seuls impacts sanitaires et que l'on prend le montant le plus bas de tous (20,76 milliards d'euros), on aboutit à des coûts nettement supérieurs au montant le plus haut obtenu pour les GES (13,76 milliards d'euros). Si l'on additionne les externalités causées par les autres polluants aux valeurs les plus basses retenues pour les particules, on aboutit à 61 milliards d'euros, et si on les additionne aux valeurs les plus hautes proposées pour les deux types de particules, on obtient 109,17 milliards d'euros *versus* 13,76 milliards d'euros (voir tableau 4). De plus, les valeurs monétaires utilisées par les études sur la pollution de l'air étant plus anciennes que celles employées pour la valorisation des GES, les coûts totaux des effets des particules sont probablement plus élevés.

Tableau 4 / Coûts annuels comparés du changement climatique et de la pollution de l'air en France

Hypothèses valorisations t éq CO_2	Changement climatique En émissions		Pollution de l'air En empreinte
5 €/t éq CO_2 (≈ cours actuel du marché ETS)	2,15 Mds €	3,66 Mds €	**Air intérieur :** 19,5 Mds €/an [a] (7 polluants seulement)
17 €/t éq CO_2 (hypothèse 2009 CCE)	7,31 Mds €	12,66 Mds €	**Air extérieur :**
25 €/t éq CO_2 (valeur centrale recommandée pour 2010 par le *Handbook of External Costs in the Transport Sector*)	10,75 Mds €	18,3 Mds €	54,8 Mds €/an [b] (PM + ozone) 54,8 à 71 Mds €/an [c] (PM + ozone + pollution intérieure)
32 €/t éq CO_2 (hypothèse rapport Quinet 2009)	13,76 Mds €	23,46 Mds €	68 à 97 Mds €/an [d] ($PM_{2,5}$ + PM_{10} + ozone)
Valeurs indicatives LTE : **22 €/t éq CO_2 (2016)** **56 €/t éq CO_2 (2020)** **100 €/t éq CO_2 (2030)**	9,46 Mds € 24,02 Mds € 43 Mds €	15,12 Mds € 41,04 Mds € 73,3 Mds €	61 à 109 Mds €/an (Hypothèse de l'auteur $PM_{2,5}$ + PM_{10} + COVNM + SO_2 + NO_x)

(a) ANSES, *op. cit.*
(b) OECD, The Cost of Air Pollution, *op. cit.*
(c) WHO, OECD, *op. cit.*
(d) AEA Technology, *op. cit.*

Par ailleurs, même avec une valorisation à 32 €/t éq CO_2, l'externalité climatique est également inférieure au coût annuel de la seule pollution de l'air intérieur en France : 19,5 milliards d'euros[25].

Si, allant au-delà des recommandations du *Handbook*, on utilise la limite supérieure qu'il propose, soit 45 €/t éq CO_2 pour 2010 ou 70 €/t éq CO_2 pour 2020, on obtient alors, respectivement, 17,2 milliards d'euros et 30,1 milliards d'euros, montants toujours inférieurs au coût de la pollution de l'air extérieur.

Dans le même sens, l'OMS et l'OCDE évaluent le seul coût sanitaire de la pollution ambiante extérieure en France en 2010 entre 54,8 milliards de dollars et 71 milliards de dollars, soit au moins 2,3 % du PIB[26] tandis que l'analyse couts-bénéfices du paquet « air pur pour l'Europe » fournit une estimation de 68 à 97 milliards d'euros[27]. Ces chiffres sont également supérieurs aux valorisations du coût annuel du changement climatique en France.

D'une manière générale, il est admis que les évaluations des coûts relatifs à la pollution atmosphérique, qu'il s'agisse de l'air intérieur ou extérieur, sont sous-estimées. Un faible nombre de polluants est retenu, certains postes ne sont pas mesurés, l'« effet cocktail », les conséquences sanitaires à long terme et les dommages non sanitaires ne sont pas pris en compte, etc.

On pourrait toutefois critiquer les données obtenues au motif que les calculs sont effectués sur la base des émissions territoriales, laquelle ne rend pas compte de l'empreinte carbone de la France. Celle-ci retranche des émissions nationales les contenus en GES des exportations mais y ajoute le contenu des importations. Cet indicateur renvoie non plus au contenu carbone de la production mais à celui de la consommation. De fait, si l'on prend

25 ANSES, *op. cit.*

26 WHO, OECD, *op. cit.*

27 AEA Technology, *op. cit.*

les données 2010, les dernières connues pour l'empreinte carbone, le montant s'élève à 733 Mt éq CO_2 contre 486 Mt éq CO_2. Les valorisations aux montants précédemment utilisés (5, 17, 25 et 32 €/t) aboutissent à une externalité GES de, respectivement, 3,66 milliards d'euros, 12,66 milliards d'euros, 18,3 milliards d'euros et 23,46 milliards d'euros. Même avec une approche empreinte, l'externalité GES demeure nettement inférieure aux externalités résultantes de la pollution de l'air. En outre, le calcul précédent aboutit à sous-valoriser ces dernières. En effet, si l'on raisonne en empreinte carbone, il conviendrait en toute rigueur d'adopter une approche empreinte pour la pollution atmosphérique, c'est-à-dire de réintégrer dans les surplus d'importations françaises leur contenu en polluants atmosphériques. Certes, ces polluants ne correspondent pas à un phénomène global comme le changement climatique mais plutôt à des pollutions locales ou voyageant à moyenne distance. Mais une partie d'entre eux provient de la délocalisation des industries françaises et a été facilitée par la mondialisation. Et ils ne seraient peut-être pas émis sans les importations françaises.

La loi sur la transition énergétique d'août 2015 retient pour la taxation du CO_2 des objectifs de 22 euros la tonne en 2016, 56 euros en 2020 et 100 euros en 2030. Ces chiffres modifient-ils l'analyse ci-dessus ? Ces nouvelles données, introduites dans le tableau 4, montrent que ce n'est pas le cas. Même si la valeur du CO_2 atteint 100 euros la tonne, le coût de la pollution de l'air demeure supérieur à celui du changement climatique. Seule une double hypothèse de comptabilisation en empreinte à une valeur de 100 euros la tonne pourrait voir le coût du changement climatique concurrencer celui de la pollution atmosphérique. Mais ce cas de figure est improbable. Tout d'abord, ces chiffres ne figurent dans la LTE qu'à titre indicatif. Les valeurs effectivement retenues pour la taxation du CO_2 seront fixées, chaque année, par la loi de finances qu'il s'agisse de 2016, 2020 ou 2030. Il existe de bonnes chances qu'elles soient différentes de celles suggérées dans la LTE. Ensuite, les quantités de polluants atmosphériques et de CO_2 émis ou consommés auront évolué d'ici 2020 et 2030. Il en sera de même pour la valeur des polluants atmosphériques. Les estimations des coûts d'autres substances polluantes et des dommages non sanitaires auront progressé, conduisant, probablement à un coût global plus élevé pour une même quantité émise. Enfin, tant la valeur de 100 euros la tonne que la comptabilisation en empreinte restent peu envisageables à court terme.

Dans le domaine de la pollution de l'air, il convient d'ajouter à ces montants le coût des amendes et astreintes pour non-respect de certaines obligations fixées par les directives européennes.

\ La priorité accordée par la France au changement climatique ne se justifie pas par des contentieux ou des difficultés à respecter ses engagements internationaux

La France a bien appliqué le protocole de Kyoto. Elle a respecté ses engagements, pris dans ce cadre, de stabiliser ses émissions de GES entre 2008 et 2012 au niveau de 1990. Cet objectif a même été largement dépassé. Au titre des différents règlements et directives de l'UE en matière de changement climatique, elle ne fait l'objet d'aucune procédure contentieuse ni précontentieuse de la part de Bruxelles. Elle a même appliqué avec précocité les normes européennes en la matière. Par exemple, elle a atteint plus de trois ans à l'avance, puis dépassé, l'objectif d'une moyenne de 130 g CO_2/km pour les véhicules automobiles neufs.

En revanche, l'UE a souligné à de nombreuses reprises, et continue de le faire, les insuffisances voire les infractions de la France dans d'autres domaines environnementaux. Celle-ci a fait ou fait encore l'objet de plusieurs procédures dans les domaines de la pollution de l'air et de l'eau, de la biodiversité, de l'évaluation environnementale, etc.

En 2005, dans l'affaire dite des « poissons sous taille », qui concernait la pêche effectuée avec des filets à mailles trop serrées et donc la biodiversité, la Cour de justice de l'UE (CJUE) a condamné la France à une amende de 20 millions d'euros et à une astreinte semestrielle de 55,8 millions d'euros, en cas de non-exécution du jugement.

La France ne parvient pas à respecter les normes fixées par la directive 2008/50/UE en matière de PM_{10}. La Commission européenne l'a donc assignée devant la CJUE, en 2011, pour non-respect des valeurs limites, estimant qu'elle n'avait pas pris de « mesures efficaces pour remédier au problème » dans 16 zones du pays concernant 12 millions de Français. Une procédure contentieuse est en cours et la France devrait, selon toute vraisemblance, être condamnée par la CJUE. Le montant à acquitter pourrait s'élever autour de 100 millions d'euros par an. Des normes analogues deviennent impératives pour les $PM_{2,5}$ à compter de 2015. La France risque l'ouverture de contentieux analogues pour le NO_2, pour lequel elle a, d'ores et déjà, fait l'objet de demandes d'informations de la part de la Commission européenne pour non-respect des valeurs limites.

En outre, le protocole de Göteborg et la directive 2001/81/CE, dite directive NEC, fixent des plafonds d'émissions, notamment pour 2010, pour quatre polluants (SO_2, NO_x, NH_3, COVNM) dont aucun n'est un GES. Or, la France ne respecte toujours pas ses engagements d'émissions pour les NO_x, ni au titre du protocole de Göteborg, ni au titre de la directive NEC. Elle est même le troisième pays de l'UE le plus éloigné de ses objectifs. En ce qui concerne le NH_3, il est peu probable qu'elle les honore. Le protocole de Göteborg retient un objectif de – 4 % en 2020 par rapport à 2005, soit un plafond de 659 kt. Or, depuis 2005, au lieu de diminuer, les émissions françaises ont augmenté pour atteindre 694 kt en 2013[28].

Dans le domaine de l'eau, la France ne parvient pas davantage à respecter plusieurs directives européennes : eaux résiduaires urbaines (ERU), nitrates, qualité des eaux superficielles,

28 CITEPA, *op. cit.* ; MEDDE, *L'Environnement en France en 2014*, *op. cit.*

directive-cadre sur l'eau (DCE). Ainsi, après mise en demeure et avis motivé, elle a été condamnée par la CJUE, le 7 novembre 2013, pour manquement aux obligations de la directive 91/271/CEE du 21 mai 1991 relative au traitement des eaux résiduaires urbaines. Malgré cette condamnation, la Commission européenne a lancé une nouvelle procédure contre la France, au titre de la même directive, en janvier 2014. Et, en 2015, elle a, à nouveau, saisi la CJUE pour infraction persistante à la directive, l'échéance fixée à fin 2005 n'étant toujours pas respectée dix ans après. Au titre de la DCE, la France doit notamment parvenir, en 2015, au bon état chimique des masses d'eau superficielles et souterraines. Ces objectifs ne seront probablement pas atteints.

En ce qui concerne les nitrates, la France a fait l'objet d'une première série de procédures au titre de la directive 75/440/CEE du Conseil du 16 juin 1975 concernant la qualité requise des eaux superficielles destinées à la production d'eau alimentaire. Une mise en demeure en 1993 a été suivie d'un avis motivé en 1997, d'une saisine de la CJUE en 1999 et d'une condamnation de la France, en mars 2001. Une mise en demeure d'appliquer l'arrêt de la CJUE a suivi en décembre 2001, puis un nouvel avis motivé, en avril 2003, enjoignant la France d'appliquer l'arrêt, un avis motivé complémentaire en 2005, une nouvelle saisine de la CJUE par la Commission demandant une condamnation de la France à une amende de 28 millions d'euros ainsi qu'à une astreinte journalière de 117 882 euros, avant que la procédure ne soit close en 2010.

Mais, sur un sujet proche, la France fait l'objet d'une seconde série de procédures au titre de la directive 91/676/CEE du Conseil du 12 décembre 1991 concernant la protection des eaux contre la pollution par les nitrates à partir de sources agricoles, qu'elle ne parvient toujours pas à appliquer. Après les étapes précontentieuses, la Commission a poursuivi la France devant la CJUE pour deux motifs : insuffisante désignation des zones vulnérables (qui concernent déjà pourtant plus d'une commune sur deux et 55 % des surfaces agricoles) et carence des mesures prises afin de réduire la pollution provoquée par les nitrates d'origine agricole.

La CJUE a condamné la France à deux reprises à ce sujet[29]. Dans le second cas, la Commission a soulevé 6 griefs à l'appui de son recours et la CJUE a condamné la France en constatant 18 manquements à ses obligations.

De même, compte tenu des retards importants dans la mise en œuvre de la directive 2002/49/CE relative à l'évaluation et à la gestion du bruit dans l'environnement, la Commission européenne a adressé une mise en demeure à la France en mai 2013.

Le nombre des procédures d'infractions engagées par l'UE à l'encontre de la France dans le domaine de l'environnement s'élevait à 21 en 2010, 15 en 2011, 10 en 2012. Elles portaient sur la gestion de l'eau et de la qualité de l'air, la protection de la nature, la gestion des déchets et les études d'impacts. Mais aucune ne concernait le changement climatique.

L'opinion publique française ne considère pas le changement climatique comme la question environnementale prioritaire

L'analyse des enquêtes d'opinion permet d'affirmer que le changement climatique n'est ni véritablement le problème d'environnement ressenti comme le plus préoccupant par les Français ni celui dont ils pensent que l'État devrait s'occuper en priorité. Si les résultats des différentes enquêtes diffèrent légèrement selon leur méthodologie et la nature des questions posées, elles convergent néanmoins vers ce constat.

Entre 1992 et 2008, parmi une liste de dix items, le pourcentage de personnes très préoccupées par la « modification du climat » se classe en dernière position entre 1992 et 1996, en avant-dernière position en 1998, puis demeure dans la seconde moitié, après, voire bien après, « la pollution des eaux souterraines », « la pollution des lacs et des rivières et mers », le

29 Arrêts du 13 juin 2013 et du 4 septembre 2014.

« gaspillage des ressources naturelles », « la pollution de l'air », « la destruction des forêts », la « disparition d'espèces animales ou végétales », etc. (tableau 5)[30].

Selon une série de sondages de l'IFOP, entre 2008 et 2014, parmi onze « causes environnementales », « lutter contre le réchauffement climatique » n'est jamais prioritaire et se classe respectivement quatrième, dixième, septième et quatrième en 2008, 2010, 2012 et 2014[31].

Le baromètre de l'Institut de radioprotection et de sûreté nucléaire (IRSN) montre qu'entre 2000 et 2012, « l'effet de serre » (réchauffement de l'atmosphère) ne parvient seul en tête des problèmes d'environnement qu'en 2006 et 2007. Il l'est également en 2001, 2005 et 2008 mais à égalité avec la pollution de l'air et de l'eau (2005 et 2008) ou la pollution de l'air (2001). Toutes les autres années, il est devancé par « la pollution de l'air » ou « la pollution de l'eau », n'atteignant donc que la seconde ou troisième position. Il est, par exemple, clairement distancé par ces deux autres sujets, demeurant en troisième position depuis 2010[32].

Selon l'enquête annuelle Ademe-GfK puis Opinion Way sur les représentations de l'effet de serre entre 2000 et 2014, « le réchauffement climatique/effet de serre » ne parvient seul en tête que de 2007 à 2009 et en 2014 (ainsi qu'en 2006 mais à égalité avec « la lutte contre la pollution de l'air » et à quasi-égalité avec « la pollution de l'eau »). Entre 2000 et 2002, il n'est qu'en sixième position, en 2003 en quatrième, en 2009 en cinquième, en 2010 en deuxième, en 2005, 2011, 2012 et 2013 en troisième. À l'exception des années 2007-2010 et 2014, le changement climatique est toujours devancé par la pollution de l'air (égalité en 2006 et 2011). Et à l'exception des années 2005-2009, il est toujours distancé par la pollution de l'eau. Il est, en outre, parfois précédé par les

30 EDF, *Baromètre Environnement EDF-R&D.*

31 IFOP, *Baromètre d'image et de notoriété du WWF.*

32 IRSN, *Baromètre ISRN sur la perception des risques et de la sécurité.*

« détritus ménagers » (2000-2004), « les risques du nucléaire » (2000-2002, 2004, 2011), « la dégradation de la faune et de la flore » (2000-2002, 2004)[33].

L'enquête de conjoncture de l'INSEE auprès des ménages montre que si le « réchauffement de la planète » était le problème d'environnement le plus préoccupant en 2008 et 2009 et de justesse en 2012, ce n'est pas le cas en 2010 et en 2011, dates auxquelles il se classe troisième, après, respectivement, la pollution de l'air et la pollution de l'eau, et la pollution de l'air et les catastrophes naturelles. Il se classe à nouveau premier en 2013 et 2014, mais à égalité avec la pollution de l'air en 2013[34]. L'enquête CREDOC (2007-2013) aboutit à une tendance voisine avec un décalage d'un an (problème le plus préoccupant entre 2007 et 2010 puis en 2013 mais cinquième problème, seulement, en 2011, après la pollution de l'air, la pollution de l'eau, la disparition de certaines espèces végétales ou animales, les catastrophes naturelles[35]).

À titre d'exemple, les graphes 1 et 2 et les tableaux 5 et 6 reproduisent les résultats de deux de ces enquêtes périodiques. On a choisi celles effectuées sur les plus longues durées.

Le changement climatique n'est pas davantage le domaine d'action considéré comme prioritaire pour l'État par les Français. Il se classe entre le sixième et le quatrième rang entre 2000 et 2004[36], au premier rang, juste avant la pollution de l'air, entre 2007 et 2010, et au deuxième rang à égalité avec la pollution de l'air mais derrière la pollution de l'eau en 2011[37].

---

33 Ademe, Opinion Way, *Les Représentations sociales de l'effet de serre*, 2014 (Ademe-GfK-ISL pour les éditions précédentes).

34 INSEE, *Enquête de conjoncture auprès des ménages*.

35 CREDOC-SOeS, *Enquêtes, Conditions de vie et aspirations des Français*.

36 Ademe-GfK-ISL, *op. cit.*

37 Enquête CREDOC, *op. cit.*

Si les résultats diffèrent légèrement, plusieurs tendances communes fortes se dégagent de ces enquêtes :

- sur longue période, le changement climatique n'est pas le problème d'environnement considéré comme le plus préoccupant par les Français ;
- il ne semble l'être véritablement qu'entre 2006 et 2008-2009 ;
- la préoccupation des Français envers le changement climatique décline sensiblement à partir de 2007 ;
- la pollution de l'eau et la pollution de l'air apparaissent, avec le plus de régularité, comme les préoccupations les plus importantes des Français en matière d'environnement ;
- c'est aussi dans ces deux domaines, à égalité avec le changement climatique, voire avant lui, que les Français jugent l'action de l'État prioritaire en matière d'environnement.

On est donc bien contraint de constater un décalage marqué entre, d'une part, le primat absolu accordé, au sein du domaine environnemental, au thème du changement climatique, dans le discours public, l'action des gouvernements, celle des ONG, la couverture médiatique et, d'autre part, la préoccupation relative et, en tout cas, non clairement prééminente que lui accorde l'opinion. À l'inverse, les préoccupations presque toujours prioritaires des Français vis-à-vis de la pollution de l'eau et de l'air, voire d'autres sujets environnementaux, ne semblent pas susciter d'expression publique, d'action gouvernementale, de couverture médiatique à la hauteur de leur caractère prédominant. En outre, le déclin de l'importance accordée au changement climatique depuis 2007 et la reconquête des premières places par les pollutions de l'eau et de l'air ne paraissent pas avoir entraîné d'adaptations en conséquence des agendas politiques et médiatiques. Le personnel politique effectue donc une appréciation inexacte de l'importance relative de l'enjeu climatique pour l'opinion.

Graphe 1 et tableau 5
Les préoccupations environnementales majeures de 1992 à 2008 (proportion de réponses « Très préoccupant »*)

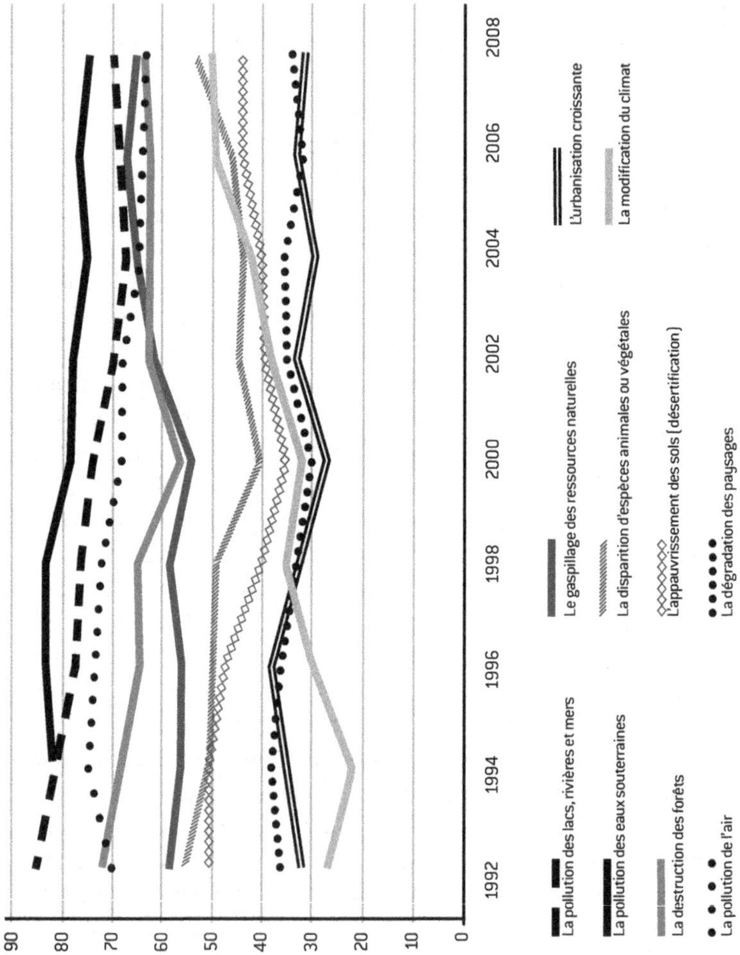

* « Voici un certain nombre de problèmes d'environnement. Indiquez pour chacun d'entre eux si vous le jugez très préoccupant, assez préoccupant, peu préoccupant ou pas préoccupant ? » (*Baromètre Environnement EDF-R&D*)

	1992	1994	1996	1998	2000	2002	2004	2006	2008
La pollution des eaux souterraines		81	82	82	78	77	75	76	74
La pollution des lacs, rivières et mers	84	81	77	76	73	69	67	68	69
Le gaspillage des ressources naturelles	58	56	56	58	54	61	64	66	65
La pollution de l'air	70	74	73	72	68	68	64	64	63
La destruction des forêts	71	68	64	64	56	62	62	62	63
La disparition d'espèces animales ou végétales	55	50	49	49	40	44	44	46	53
La modification du climat	27	22	30	35	32	38	42	48	50
L'appauvrissement des sols (désertification)	50	50	47	40	35	39	40	44	44
La dégradation des paysages	36	38	36	33	30	35	35	32	34
L'urbanisation croissante	32	35	37	35	28	33	30	32	32

Graphe 2 et tableau 6
Les préoccupations environnementales majeures de 2000 à 2013 (pourcentage de première réponse*)

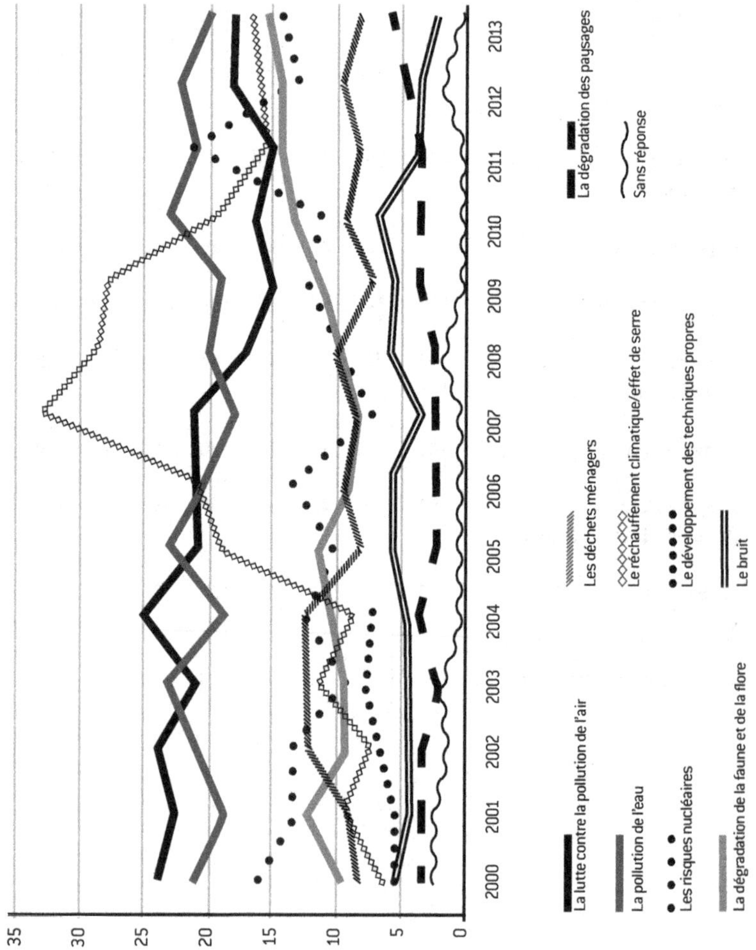

* « Je vais vous citer un certain nombre de problèmes d'environnement. Quels sont les deux qui vous semblent les plus préoccupants ? » (Ademe-GfK-ISL)
(De 2000 à 2004 la question était : « Quelles sont selon vous les deux actions que l'État doit mener en priorité dans le domaine de la protection de l'environnement ? »)

	2000	2001	2002	2003	2004	2005	2006	2007	2008	2009	2010	2011	2012	2013
La lutte contre la pollution de l'air	24	23	24	21	25	21	21	21	17	15	16	15	18	18
La pollution de l'eau	21	19	21	23	19	23	20	18	20	19	23	21	22	20
Le réchauffement climatique/effet de serre	6	9	7	11	8	19	21	33	29	28	19	15	16	17
Les déchets ménagers	8	9	12	12	12	8	9	8	9	7	9	8	9	8
La dégradation de la faune et de la flore	9	12	9	9	10	11	9	8	9	11	13	14	14	15
Les risques du nucléaire	16	13	13	9	12	10	13	7	9	12	11	21	13	14
Le bruit	5	4	4	4	4	5	5	3	5	5	6	3	3	2
La dégradation des paysages	3	3	3	2	3	2	2	2	2	3	3	3	4	5
Sans réponse	2	2	1	1	0	0	0	0	1	0	0	0	1	0
Le développement des technologies propres	5	5	6	7	7	-	-	-	-	-	-	-	-	-

CHAPITRE 6

Une politique climatique peu favorable à l'environnement

Les inconvénients environnementaux des politiques climatiques

La plupart voire la totalité des politiques de lutte contre le changement climatique entraînent des inconvénients d'ordre environnemental plus ou moins importants.

En analyse de cycle de vie, chaque type d'énergie renouvelable ou supposée décarbonée émet du CO_2 à un moment ou à un autre. Le bilan carbone de telle ou telle ENR dépendra donc de ses émissions propres comparées aux émissions du mix auquel sa production se substitue. En outre, leurs développements participent à l'artificialisation du territoire. Toutes les énergies renouvelables peuvent générer des impacts paysagers, voire acoustiques, en elles-mêmes et par le renforcement des lignes électriques qu'elles nécessitent parfois. L'hydroélectricité interrompt ou entrave les continuités aquatiques. Les éoliennes sont susceptibles d'engendrer des effets sur les chiroptères et l'avifaune. Le solaire photovoltaïque (PV) non-intégré au bâti est très consommateur d'espace. Les biocarburants supposent parfois le retournement, même indirect, de jachères, de prairies ou de forêts riches en biodiversité et leur mise en culture intensive. Le nucléaire conserve ses risques et la question du retraitement de ses déchets demeure non résolue.

Certaines politiques d'économie d'énergie entraînent aussi des inconvénients environnementaux et sanitaires si ceux-ci ne sont pas pris en compte en amont : qualité de l'air intérieur à la suite de travaux d'isolation thermique, exposition au mercure des lampes basse consommation, etc. La rénovation thermique peut poser des problèmes d'ordre esthétique sur les monuments historiques, dans les secteurs sauvegardés ou les quartiers pittoresques. Même dans le cadre d'un urbanisme plus commun, elle nécessite un surplus de matériaux d'extraction donc de carrières ou de prélèvements en mer, engendrant des impacts paysagers sur l'eau ou la biodiversité, voire acoustiques. La protection contre la submersion marine peut entraîner la construction ou la consolidation de digues artificielles ou la recharge mécanique de plages, remodelant le trait de côte et induisant des effets sur le fonctionnement des écosystèmes côtiers.

Tout cela ne revient pas à écrire qu'il ne faut pas entreprendre une politique climatique, ni que celle-ci serait en soi nuisible. Cela signifie, plus simplement, qu'il convient, au minimum, de prendre en compte les autres considérations environnementales dans l'élaboration et la conduite des politiques climatiques et les impacts environnementaux de celles-ci et à arbitrer entre ces différentes considérations. Or, en France au moins, l'arbitrage semble, de plus en plus et le plus souvent, effectué en faveur de la politique climatique et au détriment des autres considérations environnementales.

Le mode de gouvernance institué depuis 2007 contribue peut-être à cet état de fait. La politique climatique, pourtant de nature interministérielle, a été rattachée à une direction d'administration centrale sectorielle : la DGEC. De même, l'Observatoire national sur les effets du réchauffement climatique (ONERC) dépend du MEDDE (Ministère de l'Écologie, du Développement durable et de l'Énergie) et, en son sein, de la DGEC. Quant au plan national d'adaptation au changement climatique prévu par la loi Grenelle I, il n'a pas été validé en Comité interministériel du développement durable. Il s'agit, pourtant, d'un sujet éminemment transversal, concernant la totalité des ministères et dont les interactions positives ou négatives avec l'environnement sont très nombreuses.

Or, l'attribution de la compétence climat au ministère chargé de l'environnement et du développement durable et la grande visibilité et médiatisation de cet enjeu favorisent, parfois, des arbitrages favorables au climat et défavorables à d'autres aspects environnementaux. Auparavant, la présence d'un ministère autonome de l'Environnement puis de l'Écologie et du Développement durable permettait à celui-ci de contester, dans le cadre des procédures interministérielles classiques, les positions défendues par d'autres ministères, y compris, par exemple, celles pouvant être favorables au développement des ENR et défavorables à l'environnement. En cas de désaccord, un arbitrage interministériel pouvait être sollicité. Aujourd'hui, ce mécanisme ne fonctionne plus. D'abord, parce que les ministères chargés de l'énergie, des transports et de l'environnement ont fusionné en un seul. Ensuite parce qu'au sein de celui-ci, les directions chargées des transports ou de l'énergie sont plus puissantes et dotées de moyens plus importants que celles traitant de l'environnement. Alors que les négociations relatives à l'énergie se déroulaient auparavant entre ministères, elles ont lieu aujourd'hui au sein d'un même ministère qui tente de concilier des logiques parfois divergentes. Enfin, un Commissariat général au développement durable (CGDD) a été intégré au MEDDE et non placé au niveau interministériel, auprès du Premier ministre. Ces évolutions confortent la culture dominante énergie-climat du ministère et favorisent indirectement une tendance à l'arbitrage en faveur du climat, sujet davantage travaillé, documenté, quantifié au sein du ministère et auquel ses agents se sont davantage acculturés par rapport aux questions de biodiversité, de paysage, de sites, de littoral, etc.

Les effets pervers environnementaux des politiques climatiques françaises

Dans les faits, la priorité accordée, en France, à la politique climatique conduit, souvent, à sous-estimer voire à négliger d'autres aspects environnementaux. Elle peut aussi aboutir à privilégier une allocation des moyens budgétaires à l'action climatique, au détriment d'autres pans des politiques environnementales. Pourtant, l'efficacité d'un euro additionnel dépensé dans la lutte contre le changement climatique peut se révéler moindre que celle du même euro dépensé dans la lutte contre la pollution de l'air, par exemple. La priorité climatique sert aussi parfois de justification à des décisions contestables sur le plan environnemental. C'est le cas, par exemple, pour la relance de l'hydroélectricité annoncée régulièrement en France, depuis plusieurs années, au nom de la politique climatique mais sans évoquer ou en minimisant ses impacts sur la biodiversité et les paysages.

Pour ne pas multiplier les exemples, on se contentera d'évoquer deux domaines : le paysage et la pollution atmosphérique.

Des atteintes aux paysages

Le développement de l'éolien justifie plusieurs reculs dans le domaine du paysage. Ainsi, la loi Brottes du 15 avril 2013 supprime les zones de développement de l'éolien (ZDE), instaurées par la loi POPE en 2005. Pourtant, celle-ci n'empêchait pas la construction d'éoliennes en dehors des ZDE. Elle réservait simplement l'obligation du tarif de rachat aux éoliennes implantées au sein des ZDE, définies à l'aide de trois critères : gisement éolien, facilité de raccordement au réseau électrique et intégration paysagère.

En ce qui concerne le littoral, on assiste depuis quelques années à de nombreuses tentatives de rogner la loi Littoral pour y favoriser le développement d'éoliennes.

La loi Grenelle II du 12 juillet 2010 portant engagement national pour l'environnement contient déjà, malgré son titre, un article modifiant la loi Littoral pour permettre l'édification des ouvrages de raccordement des éoliennes *off-shore* (en mer) aux réseaux de distribution d'électricité dans la bande des cent mètres, pourtant inconstructible. La loi Brottes autorise, ensuite, l'installation de raccordements et de transformateurs électriques pour les éoliennes *off-shore* dans les « espaces naturels remarquables » du littoral, correspondant pourtant à la catégorie de protection maximale prévue par la loi Littoral. Dans les DOM, elle institue en outre une faculté de dérogation à la règle de l'implantation en continuité d'urbanisation. Ces trois possibilités sont ouvertes grâce à des modifications de la loi Littoral et contrairement à son esprit et aux motifs de préservation paysager et esthétique pour lesquels elle a été votée.

Néanmoins, il est frappant de constater à quel point la doctrine juridique entérine cette vision d'une loi Littoral comme une gêne au développement de l'éolien et qu'il faudrait donc modifier pour permettre son essor, plutôt que comme une loi de plus d'un quart de siècle d'âge, votée à l'unanimité et avec laquelle il conviendrait de concilier le développement de l'éolien, ce qui est possible.

Par exemple, dans un arrêt du 14 novembre 2012, le Conseil d'État considère que la commune de Plouvien, étant riveraine de l'océan, est une commune littorale et que, conformément à l'article L. 146-4 du Code de l'urbanisme (loi Littoral), la construction d'éoliennes y est soumise à la règle d'implantation en continuité d'urbanisation[1]. Néanmoins, commentant cet arrêt dans une revue universitaire consacrée au droit de l'environnement qui fait autorité, une juriste estime d'emblée que la qualification

1 Conseil d'État, 14 novembre 2012, société Néo Plouvien.

« littorale » de la commune de Plouvien est « discutable » et que cet arrêt « révèle surtout à quel point le développement de l'éolien terrestre est, entre autres, subordonné à la refonte des lois Littoral et Montagne »[2]. Le nécessaire respect de ces lois, faisant partie du droit positif, n'est évoqué à aucun moment. Leur modification est affirmée, dès le début du commentaire d'arrêt, comme une nécessité évidente. La juriste estime que la loi Littoral a été élaborée dans un « esprit de protection » ou « est dotée d'un objectif de protection maximal », alors même qu'il s'agit d'une loi d'équilibre, conçue et votée dans cet esprit, qui n'interdit en rien l'urbanisation de larges parties des communes littorales, ne concerne que mille communes en France et ne s'applique à aucune commune de l'arrière-littoral. Elle considère que « le Conseil d'État aurait pu opérer un revirement de jurisprudence et dénier à l'implantation d'éoliennes la qualification d'opération d'urbanisation, ce qui aurait remis en cause l'applicabilité des lois Montagne et Littoral à ce type de projets ».

Or, dans l'esprit d'élaboration des lois Littoral et Montagne et dans les motifs qui avaient conduit à leur adoption, la composante paysagère avait été un objectif essentiel, puisque, précisément, en ces espaces, la vue porte loin et que l'un de leurs buts est bien de conserver ces perspectives. Cet esprit a d'ailleurs été constamment réaffirmé par tous les gouvernements, à travers l'objectif du « tiers sauvage » (maintien à l'état sauvage d'un tiers au moins du littoral). Dans cet esprit, que l'artificialisation soit constituée de logements, de bureaux, de commerces, d'usines, d'éoliennes ou de centrales solaires, l'effet sera bien le même. On peut donc, au contraire, considérer que l'interprétation du Conseil d'État est parfaitement conforme à l'esprit et aux objectifs de la loi. La juriste tire néanmoins la conclusion suivante, logique selon elle, de ce refus de revirement de jurisprudence :

2 Publication classée parmi la liste des revues scientifiques par l'Agence d'évaluation de la recherche et de l'enseignement supérieur dans la catégorie Droit : AERES, *Liste des revues AERES pour le domaine Droit*, 2010.

« Compte tenu de l'ensemble de ces éléments, la refonte des lois Littoral et Montagne, afin d'autoriser expressément, sur ces territoires, la mise en place d'installations de production d'énergie renouvelable, sonne comme une nécessité[3] ».

Des défenseurs du paysage, voire des juristes, pourraient défendre une position strictement inverse, en suivant le raisonnement suivant. Quand la loi Littoral a été votée, il y a trente ans, l'essentiel de l'urbanisation et de l'artificialisation était alors constitué de maisons individuelles de quelques mètres de haut ou de logements collectifs, locaux commerciaux et autres de quelques mètres ou dizaines de mètres de haut. Pour préserver les coupures d'urbanisation, les espaces naturels remarquables et les vues sur les paysages littoraux, l'application de la loi aux communes immédiatement riveraines de la mer était suffisante.

En effet, la plupart des constructions autorisées dans les communes de l'arrière-littoral n'étaient pas visibles de la mer. Les données du problème changent fondamentalement avec des éoliennes pouvant atteindre 150 mètres de hauteur. Implantées dans des communes du rétro-littoral, plusieurs de ces éoliennes deviennent visibles de la mer. Dès lors, l'extension de la loi Littoral à ces communes de l'arrière-littoral aurait pu être défendue par certains. Elle aurait correspondu à l'esprit de cette loi. Celle-ci prévoyait d'ailleurs, dès son origine, que les communes de l'arrière-littoral peuvent l'appliquer si elles le souhaitent[4]. Sans prétendre trancher ici ce débat, force est de constater qu'il n'a pas même été esquissé. Les entorses à la loi Littoral et la facilitation d'implantation des éoliennes littorales ont été d'emblée légitimées, au nom de l'impératif de rang supérieur de la « transition énergétique » et de la lutte contre le changement climatique.

---

3 Florence Latullaie, « Éoliennes et loi Littoral : l'incompatibilité confirmée », *Droit de l'environnement*, n° 210, mars 2013. Une grande partie de la doctrine partage ce point de vue.

4 La loi Littoral s'applique « dans les communes littorales » et « dans les communes qui participent aux équilibres économiques et écologiques littoraux lorsqu'elles en font la demande auprès du représentant de l'État dans le département » (loi du 3 janvier 1986, article 3), ce qui peut comprendre potentiellement la quasi-totalité voire la totalité des communes de l'arrière-littoral.

Dans le même sens, la Cour des comptes pointe « des réglementations parfois excessives » et estime que le développement de la filière éolienne « est freiné par son cadre juridique ». Elle écrit que « les autorités préfectorales ne peuvent donc délivrer des permis de construire pour des éoliennes situées dans les zones littorales qui sont précisément celles où soufflent des vents favorables[5] ». Cette appréciation semble discutable pour plusieurs raisons. Tout d'abord, cette situation est partielle. Techniquement, elle ne concerne pas les éoliennes d'une hauteur inférieure à 50 mètres. Or, certains pourraient estimer que l'autorisation d'éoliennes limitées à 50 mètres de hauteur constitue un compromis acceptable entre développement de l'éolien et préservation des paysages littoraux. Ce point de vue ne semble guère exprimé. Géographiquement, elle ne concerne pas les « zones littorales », comme l'écrit la Cour, mais les seules communes littorales. Or, de nombreuses zones littorales, sur lesquelles soufflent des vents favorables, concernent des communes rétro-littorales situées immédiatement en arrière des communes littorales, parfois à quelques centaines voire quelques dizaines de mètres de la mer. La loi Littoral ne s'applique pas à ces communes. Ensuite, les communes littorales ne constituent que 3 % des communes françaises.

Surtout, sur le fond, l'implantation d'éoliennes sur le littoral ne semble guère primordiale dans le cadre d'une politique climatique pour au moins trois raisons. Tout d'abord, l'électricité française étant déjà décarbonée à 90 %, un surplus de production d'ENR ne saurait améliorer, de façon notable, le bilan carbone du mix électrique. Ensuite, l'électricité d'origine éolienne ne peut être stockée. Enfin, le gestionnaire du réseau électrique n'accepte qu'une part limitée d'électricité d'origine intermittente. Dans la mesure où la loi Littoral ne concerne que 3 % des communes françaises, leur équipement en éoliennes ne semble donc pas

5 Cour des comptes, *La Politique de développement des énergies renouvelables*, rapport public thématique, Cour des comptes, 2013.

indispensable du point de vue de la politique climatique. Le territoire des communes non littorales (soit 35 000 communes) qui leur demeure ouvert est probablement déjà trop vaste par rapport à la capacité d'absorption du réseau. Ici, l'arbitrage proprement politique et environnemental semble donc pouvoir se faire, sans dommage climatique, dans le sens de la préservation du littoral.

Il pourrait en aller différemment dans les DOM. En effet, l'électricité y est, au contraire de la métropole, d'origine très carbonée. Par ailleurs, les communes littorales y représentent une part majeure du territoire. L'implantation d'éoliennes dans ces communes est donc susceptible d'améliorer le bilan carbone de ces départements.

Dans ses commentaires sur le droit de l'environnement, la doctrine juridique tend donc à favoriser l'essor des énergies renouvelables, au besoin en lui subordonnant ou en appelant à la restriction ou à la suppression d'autres règles du droit de l'environnement, même votées à l'unanimité, et sans tenter d'analyser ou de rappeler leurs objectifs, leur esprit, leurs motivations originelles. Derrière ce raisonnement, l'idée dominante est que la politique climatique surplombe toutes les autres politiques environnementales, lesquelles ne sauraient l'entraver. Les éventuels obstacles de protection environnementale à son essor doivent être levés.

La pollution atmosphérique négligée, voire accrue

Le primat accordé à la lutte contre les émissions de CO_2 en France a conduit à reléguer à l'arrière-plan la maîtrise de certaines pollutions atmosphériques, pourtant plus dangereuses pour la santé, voire, dans certains cas, à les favoriser. Cette situation contribue à une procédure contentieuse en cours entre la France et l'UE.

Ainsi, une politique nationale incitant au développement des véhicules Diesel dans le parc automobile se poursuit, de façon volontaire et continue, depuis plus d'un tiers de siècle.

Sur le plan fiscal, elle se traduit par un différentiel de taxe intérieure de consommation sur les produits énergétiques (TICPE) entre gazole et super (17,85 euros par hectolitre jusqu'en 2014, 15,59 euros depuis 2015) plus important que la moyenne européenne (12,15 euros par hectolitre), la déductibilité (à 100 % ou 80 % selon la catégorie) de la TVA sur le carburant gazole des véhicules de société mais pas sur le carburant super, des règles d'amortissement du véhicule et relatives à la taxe sur les véhicules de société (TVS) plus favorables aux véhicules Diesel. Cette politique a conduit à une diésélisation très rapide du parc (5 % en 1980, 16 % en 1990, 36 % en 2000, 48 % en 2005, 63 % en 2013 pour les véhicules particuliers) et à l'un des taux de diésélisation les plus élevés de l'UE (63 % du parc pour les véhicules particuliers contre 53 % en Europe, 73 % des nouvelles immatriculations, 81 % de la consommation contre 68 % en moyenne européenne, en 2013[6]).

Ce différentiel de taxation est-il justifié ? Certes, les véhicules Diesel affichent une consommation moyenne moins élevée que les véhicules à essence, d'où des économies. De ce fait, ils émettent moins de CO_2 au kilomètre. Mais ils en émettent plus (18 % en plus) par litre utilisé. En prenant en compte le méthane (CH_4) et l'oxyde nitreux (N_2O), un litre de gazole émet 15,5 % de plus de GES qu'un litre de super. Si l'on considère uniquement son impact sur l'effet de serre, le litre de gazole ne devrait donc pas être moins taxé mais davantage taxé. En outre, du fait du prix plus bas du gazole et de la moindre consommation au kilomètre des véhicules Diesel, ceux-ci roulent plus – c'est notamment le cas des automobilistes qui passent d'un véhicule essence à un véhicule Diesel –, annihilant ainsi la moindre émission de CO_2 au kilomètre du Diesel. Il s'agit là d'un effet rebond.

6 Union Routière de France (URF), *Faits et chiffres 2014 : statistiques des transports en France et en Europe*, 2014, www.unionroutiere.fr

Par ailleurs, les Diesel émettent plus de NO_x, de HAP et de particules fines au kilomètre que les véhicules à essence. Ces derniers inconvénients s'atténuent, peu à peu, avec l'entrée en vigueur des différentes normes Euro, dont Euro 5 en 2011 puis Euro 6 en 2015, limitant les émissions de particules fines des véhicules neufs à 5 mg/km, ainsi qu'avec la mise en place du filtre à particules. Mais l'efficacité des filtres envers les particules fines et les NO_2 est variable selon leur type. Surtout, la longévité des véhicules Diesel et la moindre taxation du gazole font qu'une bonne partie du parc est ancien et continue à polluer autant qu'avant. Ainsi, en France, le gazole produit 92 % des PM et 84 % des NO_x de la route. Entre 1990 et 2012, les émissions de HAP, en partie cancérigènes, ont baissé dans tous les secteurs sauf dans les transports où elles ont crû, du fait de la pénétration des véhicules Diesel dans le parc. De même, les émissions d'HCB, dues au gazole utilisé par le transport, ont augmenté de 160 % entre ces mêmes dates[7].

D'une manière générale, une taxation moins élevée du gazole semble donc difficilement justifiable. En outre, au sein des pays de l'OCDE, c'est de loin en France que cet écart de taxation entraîne la dépense fiscale la plus importante : plus de 8,6 milliards d'euros par an[8].

Aujourd'hui, la critique des écarts de taxation entre types de produits énergétiques tend à se concentrer sur le super et le gazole et sur les différentiels entre types de carburants et de combustibles en fonction de leur seul contenu en CO_2. Mais cette focalisation sur un rapprochement de la taxation en fonction du seul contenu en CO_2 omet d'autres éléments importants. Par exemple, en France, le fioul lourd est à l'origine (outre de

7 CITEPA, *op. cit.*

8 Michelle Harding, *The Diesel Differential: Differences in the Tax Treatment of Gasoline and Diesel for Road Use*, OECD Taxation Working Papers, n° 21, OECD, 2014.

25 % du CO_2 émis) de 30 % des émissions de SO_2 et de 94 % des émissions de nickel, le fioul domestique, de 18 % des émissions de NO_x et de près de 15 % des émissions de particules fines, et le charbon de plus de 30 % des émissions de SO_2[9]. Ces substances ont des effets avérés sur la santé humaine et sur le milieu naturel. Or, le fioul lourd, le fioul domestique et le charbon sont nettement moins taxés que les carburants. Leur sous-taxation apparaît donc dommageable à la santé humaine comme à la biodiversité.

Le « bonus-malus » automobile, le « super bonus », la « prime à la casse » sont présentés comme des mesures favorables à l'environnement. Ces présentations reposent surtout sur leur objectif annoncé : réduire les émissions de CO_2 des véhicules neufs mis en circulation et accélérer le retrait des véhicules âgés consommant et émettant davantage. Elles considèrent les sommes publiques finançant ces mécanismes comme des dépenses fiscales favorables à l'environnement. Mais ces présentations semblent partielles, voire biaisées, et les indicateurs utilisés critiquables. Ainsi, le bonus-malus serait un succès environnemental car la part des véhicules émettant plus de 160 grammes de CO_2 par kilomètre a baissé de 24 % des véhicules immatriculés en 2007 à 14 % en 2008 et à 9 % en 2009, tandis que la part de ceux émettant moins de 130 grammes de CO_2 a augmenté de 30 % en 2007 à 45 % en 2008 et à 55 % en 2009.

Plusieurs raisons conduisent à nuancer ces présentations optimistes. Le bonus-malus et la prime à la casse sont, au mieux, des mesures à effet mixte, bénéfiques, par certains aspects, à l'environnement. Mais, il s'agit, néanmoins, de subventions indirectes aux énergies fossiles, favorisant donc des impacts à la fois sur la santé humaine et sur la biodiversité. En France, ils ne prennent en compte que les émissions de CO_2 et l'ancienneté du véhicule, et non des polluants atmosphériques aux effets préjudiciables à la santé, tels que les particules fines ou les NO_x. Par ailleurs, ces deux mécanismes ont accéléré la diésélisation du parc.

9 CITEPA, *op. cit.*

Alors que la part des Diesel dans les véhicules neufs augmentait d'environ deux points par an avant 2008, elle s'accroît de 3,4 points en 2008, année d'entrée en vigueur du bonus-malus, avant même la mise en place de la prime à la casse, dépassant ainsi 77 % des immatriculations[10].

Quant à la prime à la casse, elle induit la mise en circulation de 120 000 véhicules Diesel supplémentaires (55 % des véhicules remplaçants, contre 36 % des véhicules détruits) pour la seule année 2009[11]. Outre son effet environnemental négatif, cette diésélisation accrue entraînera, durant toute la durée de vie du véhicule, de moindres rentrées fiscales pour l'État, du fait de la plus faible taxation du gazole. Elle accentuera aussi l'inadaptation de l'industrie du raffinage française, sous-capacitaire en gazole et surcapacitaire en sans-plomb. Ses effets sur l'environnement semblent très limités. Négligeant les émissions provenant des véhicules autres que le CO_2, parfois d'un coût supérieur à ce dernier, elle ne permet qu'une très faible diminution de ces externalités. De façon cumulée, sur la période 2010-2025, elle n'engendrera qu'une réduction de 12 000 tonnes de NO_x, contre, respectivement 65 000 tonnes et 32 000 tonnes pour les programmes américain et allemand équivalents[12]. Ce faible résultat est clairement dû au fait que les seuils français favorisent le remplacement de véhicules anciens par des véhicules Diesel, davantage émetteurs de NO_x. Le gain en émissions de NO_x, résultant de la destruction de vieux véhicules qui en sont fortement émetteurs, est presque annulé par leur remplacement par des Diesel. La concentration du système français sur le seul CO_2 engendre

10 CGDD, « Les immatriculations de voitures particulières neuves, un an après la mise en place du bonus-malus », *Le point sur*, MEEDDM-CGDD, n° 4, 2009 ; « Une évaluation du bonus-malus automobile écologique », *Le point sur*, MEDDTL-CGDD, n° 53, 2010 ; MEEDDM-DGEC, Repères sur la fiscalité pétrolière, 2009.

11 CGDD, « La prime à la casse : un tiers des immatriculations de voitures neuves des ménages en 2009 », *Le point sur*, MEEDDM-CGDD, n° 52, 2010.

12 International Transport Forum (ITF), *Car Fleet Renewal Schemes: Environmental and Safety Impacts*, ITF-OECD, 2011.

un bénéfice environnemental et un rapport coût/efficacité très inférieur au potentiel d'un schéma mieux conçu. C'est d'autant plus le cas que, lors de l'instauration de ces mécanismes, la France était déjà le plus faible émetteur de CO_2 par habitant de l'UE à quinze, après la Suède, et le pays dans lequel les émissions de CO_2 des véhicules particuliers étaient les plus basses (133,5 grammes de CO_2 par kilomètre en 2009). Une telle focalisation sur le CO_2 ne semblait donc guère justifiée.

Lors de l'instauration de ces mécanismes en 2007, l'auteur de cet ouvrage avait plaidé, sans succès, pour qu'ils tiennent compte également des polluants atmosphériques. Le primat climatique l'avait emporté. La prise en compte des autres polluants atmosphériques dans la prime à la casse ainsi que dans le bonus-malus et le super-bonus aurait pourtant été bénéfique à la fois en termes environnemental, sanitaire, économique et budgétaire. Mais ces mesures avaient aussi pour but de soutenir l'industrie automobile française en y incluant un aspect climatique. Une dizaine d'années après, les effets pervers de ces mécanismes perdurent, à tel point que l'idée de prendre en compte les autres polluants atmosphériques dans la fiscalité automobile fait son chemin. En 2013, la loi de finances pour 2014 introduit dans la TVS une composante air visant à prendre en compte les COVNM, les PM et les NO_x. Et, en 2014, le Sénat n'excluait plus un infléchissement du bonus-malus en ce sens[13].

Aujourd'hui comme hier, il semble légitime de se poser la question suivante : la priorité en matière de politique environnementale de la France dans le secteur automobile doit-elle être de traquer, à des coûts d'abattement croissants, les grammes d'émission de CO_2 subsistants, au litre ou au kilomètre, par véhicule, d'un des parcs automobiles les moins carbonés au monde, avec un effet infinitésimal sur les émissions mondiales de CO_2 ? Ou

13 Gérard Miquel, *Rapport fait au nom de la Commission des finances sur la proposition de loi de Mme Archimbaud et plusieurs de ses collègues relative à la nocivité du Diesel pour la santé*, Sénat, n° 600, 2014.

doit-elle mettre l'accent sur la diminution des émissions de NO_x, de particules fines, etc. ? Ou encore ne doit-elle pas être d'éliminer les vieux véhicules Diesel en circulation ou de diminuer la part du Diesel dans le parc avec des effets bien supérieurs sur la santé (comme en termes de rendement fiscal et d'optimisation de l'industrie française du raffinage) ? C'est d'autant plus le cas que la route est à l'origine, en France, en 2012, de 68 % des émissions de cuivre, 57 % des émissions de HCB, 57 % des émissions de zinc, 53 % des émissions de NO_x, 47 % des émissions de plomb, 21 % des émissions d'arsenic, 19 % des émissions de cadmium, 18 % des émissions de HAP, 18 % des émissions de $PM_{2,5}$, 17 % des émissions de particules ultrafines ($PM_{1,0}$), 14 % des émissions de PM_{10}, 13 % des émissions de CO, 10 % des émissions de COVNM[14].

Au-delà des seuls carburants routiers, une question analogue peut être soulevée pour l'ensemble des carburants et combustibles fossiles. La priorité environnementale pour la France consiste-t-elle à continuer à diminuer rapidement les émissions de CO_2 d'un pays possédant l'un des mix les moins carbonés au monde et le moins émetteur de l'UE par unité de PIB après la Suède ? Ou doit-elle concerner également, voire de façon prioritaire, les autres émissions nocives pour la santé telles que les NO_x, le sélénium, le nickel, les HAP, les HCB, les PM, provenant, en grande partie, du fioul lourd, du fioul domestique et du gazole ?

Des mesures cumulant bilan carbone médiocre et impacts environnementaux

Certaines mesures prises en vertu de la politique climatique ou annoncées comme telles entraînent des impacts environnementaux négatifs notables, sans, pourtant, que leur bilan carbone soit clairement positif. Autrement dit, au lieu que la politique climatique vienne se conjuguer à la politique environnementale

14 CITEPA, *op. cit.*

et la renforcer, elle a parfois tendance à la contredire sans être réellement justifiée par son aspect purement climatique. Les exemples ci-après illustrent cet état de fait.

Les ENR

En matière de biocarburants, alors que la directive 2003/30/CE fixait sa part à un objectif de 5,75 % dans les carburants consommés par les transports en 2010, la France a pris des engagements supérieurs. Ainsi, dès la loi POPE de 2005, elle a porté cet objectif à 7 % et l'a avancé à 2008. Puis, la directive 2009/28/CE a retenu un objectif de 10 % en 2020. Or, les inconvénients environnementaux des biocarburants de première génération sont multiples. Ils ont contribué à la fin de la politique de la jachère dans l'UE, à l'extension des méthodes culturales intensives, donc à l'épandage de produits phytosanitaires et à la pollution de l'eau, au changement d'affectation des terres, au détriment de forêts ou pâtures, en particulier dans les pays de provenance des biocarburants, souvent très riches en biodiversité. En analyse de cycle de vie, c'est-à-dire en prenant notamment en compte l'énergie nécessaire à leur production et les changements d'affectation des sols pouvant entraîner un déstockage de carbone, plusieurs études considèrent que le bilan des biocarburants de première génération est négatif ou n'est pas clairement positif en termes de consommation d'énergie, de pollution atmosphérique, de consommation d'eau, de pollution de l'eau, de biodiversité, mais aussi de GES, que ce soit en France[15] ou à l'étranger, notamment dans certains PVD. Différentes mesures prises pour atténuer ces impacts comme la certification ou l'interdiction du changement direct d'affectation des sols ne suffisent pas à les annuler. Cela conduit, bien souvent, à classer les mesures de

15 Voir notamment Ademe, *Analyse de cycle de vie appliquée aux biocarburants de première génération consommés en France*, 2010, qui ne prend pas en compte les changements d'affectation des sols.

soutien aux biocarburants comme dommageables à la biodiversité, voire à l'environnement.

En France, la dépense fiscale qui leur est associée s'est élevée à 3,4 milliards d'euros pour la période 2005-2013, somme à laquelle s'ajoutent des aides aux deux filières biodiesel et éthanol. La Cour des comptes a émis plusieurs critiques sur la politique française en la matière[16].

Devant la mise en évidence croissante de ces inconvénients dont beaucoup étaient pourtant déjà connus il y a dix ans, le Parlement européen a demandé, en avril 2015, d'abaisser à 7 % l'objectif de 10 %.

La politique allemande de développement massif des énergies renouvelables présente un bilan carbone positif, en raison de la teneur en CO_2 élevée (461 g) du kWh électrique produit dans ce pays. Dans ces conditions, l'électricité produite par le solaire PV, en tenant compte des émissions de CO_2 – générées par la fabrication des modules (même en Chine avec une électricité très carbonée) et des autres composants, de leur transport, de leur montage, de leur entretien, ainsi que par les centrales thermiques nécessitées du fait de l'intermittence des énergies renouvelables –, fournit un kWh moins chargé en CO_2 que celui du mix allemand actuel.

En France, la situation est inverse. La production d'un kWh émet 79 g de CO_2. Un système PV composé de modules en technologie silicium multicristallin (modules les plus couramment fabriqués en Chine), avec le reste des composants fabriqués en Europe, transport pris en compte, émettrait 75 g éq CO_2/kWh sur l'ensemble du cycle de vie[17]. La différence de 4 g/CO_2 est négligeable. Si les panneaux étaient fabriqués en France, ils émettraient 41 g éq CO_2/kWh, soit une économie de 38 g éq CO_2/kWh seulement. En outre, le caractère intermittent de l'électricité

16 Cour des comptes, *La Politique d'aide aux biocarburants : rapport public thématique*, La Documentation française, 2012.

17 Certaines études estiment même qu'il émettrait 120 g CO_2/kWh.

produite par les énergies renouvelables entraîne deux nécessités. D'abord, celle de disposer d'une surcapacité installée (la puissance crête) par rapport à la production électrique permise. Et cette surcapacité génère, de par sa fabrication et son installation, des émissions de CO_2 qu'il faut comptabiliser dans le bilan carbone. Ensuite, la nécessité, pour parer à ces intermittences, de disposer de capacités de « *back-up* » (soutien) afin de démarrer très rapidement et qui, de ce fait, sont des centrales thermiques produisant de l'électricité à partir d'énergie fossile pouvant donc renforcer le contenu carbone du mix électrique[18].

Ainsi, tant que les techniques de stockage de l'électricité ne sont pas répandues à une large échelle, le développement des énergies renouvelables intermittentes, s'il se fait au-delà d'un certain niveau, risque, paradoxalement, d'aboutir à une « recarbonisation » partielle du mix électrique et à une augmentation de l'empreinte carbone. Dans le contexte actuel et en dehors de certaines exceptions, le bilan environnemental global en France du développement des énergies renouvelables intermittentes comme solution d'atténuation des émissions de GES apparaît donc discutable, au vu du mix électrique déjà très peu carboné.

En réalité, l'intégration des ENR dans la politique climatique française, qui serait la plus utile et la plus efficiente en termes d'atténuation du changement climatique, pourrait être l'inverse de celle pratiquée jusqu'à présent. Aujourd'hui, la France importe des composants d'ENR dont le contenu carbone dépend du mix électrique relativement carboné de leurs lieux de production, ne permettant guère de décarboner davantage le mix électrique hexagonal. Si la France produisait, sur son sol, des panneaux solaires et les exportaient vers des pays dont le mix électrique est très carboné et le gisement solaire élevé (Australie, Chine, Corée du Sud, Moyen-Orient, etc.), elle contribuerait bien davantage à l'atténuation de l'effet de serre sur le plan mondial.

---

18 Cour des comptes, *La Mise en œuvre par la France du paquet énergie-climat*, *op. cit.* annexe IV.

D'une part, la fabrication de ces panneaux entraînerait nettement moins d'émissions de CO_2 et, d'autre part, la production électrique qui en serait issue, une fois les installations mises en place, viendrait se substituer à des mix beaucoup plus carbonés que le mix français.

Les transports ferroviaires

Les transports routiers étant l'un des principaux secteurs émetteurs de CO_2, le report sur des modes moins émissifs, notamment les transports collectifs intra et interurbains, semble un moyen de réduire ou, au moins, de freiner les émissions. Ce type de politique peut aussi présenter des avantages en termes sociaux, de congestion, d'accidentologie, de pollution atmosphérique, etc. Mais ses conséquences sur d'autres aspects de l'environnement sont plus nuancées. En termes de bruit, l'impact dépend du nombre de résidents ou d'emplois au voisinage des tracés concernés. En ce qui concerne la biodiversité et le paysage, les effets sont plutôt favorables s'il s'agit d'un report de trafic routier sur un trafic ferroviaire de fret ou de passagers s'effectuant sur des lignes déjà existantes. En revanche, il est clairement défavorable s'il impose la construction de nouvelles lignes. Ces infrastructures linéaires entraînent des impacts durables sur le paysage et constituent des barrières difficilement franchissables pour une partie de la faune. En outre, la construction de ces lignes nécessite des terrassements, des matériaux de remblais et de construction, éventuellement l'ouverture de carrières, etc., qui génèrent autant de répercussions sur l'environnement.

Or, en matière de transports, le Grenelle se fixait pour objectifs un report modal vers le non routier pour le fret mais aussi la construction de 2 000 km de lignes à grande vitesse (LGV) d'ici 2020 et 2500 km au-delà, afin de développer le transport de voyageurs par train. Ce programme, repris dans le Schéma national des infrastructures de transport (SNIT) (prévoyant aussi des projets autoroutiers), s'élevait à 260 milliards d'euros. Les coûts moyens des infrastructures envisagées par le SNIT étaient de 25 millions d'euros/km pour le ferroviaire, 45 millions d'euros/km pour la voie d'eau, deux modes justifiés au nom de leur faible caractère émissif en CO_2, et 18 millions d'euros/km pour la route. Ces évaluations semblaient partielles et n'incluaient pas les impacts en matière de biodiversité ou de paysage. La prise en compte de ces dommages pourrait conduire à réévaluer à la hausse le coût de certaines de ces infrastructures et à dégrader leur bilan socio-économique, voire à justifier d'autres tracés ou même des solutions de mobilité alternative.

Du point de vue de l'environnement, on peut considérer que (outre sa partie extension autoroutière) les nouvelles LGV envisagées dans le Grenelle et le SNIT entraînent des impacts négatifs sur l'environnement, sans pour autant être clairement justifiées par la politique climatique.

Certains projets de LGV traversaient des espaces naturels encore non ou peu fragmentés, dégradant ainsi leur connectivité et leur fonctionnement écosystémique d'ensemble. Au total, toutes infrastructures confondues (mais les LGV en constituaient l'essentiel), 5 200 km de nouvelles infrastructures du SNIT de 2011 portaient atteinte à des milieux naturels. Étaient potentiellement touchés 4 à 10 % des espaces non fragmentés, 12 % des sites Natura 2000, et 12 % supplémentaires par des projets situés à moins d'un kilomètre d'une trentaine d'espèces remarquables. 400 à 600 km^2 d'espaces naturels devaient être artificialisés par les emprises des projets[19]. Or, le schéma résultant du Comité interministériel d'aménagement du territoire (CIADT) de 2003 prévoyait la consommation de 350 à 450 km^2. Cela signifie que malgré l'élaboration d'une Stratégie nationale de la biodiversité (SNB) et bien que la maîtrise de l'artificialisation et l'élaboration d'une Trame verte et bleue (TVB) soient des priorités du Grenelle,

19 Autorité environnementale, *Avis délibéré de l'Autorité environnementale sur l'avant-projet de schéma national des infrastructures de transport* (SNIT), n° Ae 2010-32, 22 septembre 2010 ; CGDD, *Schéma national des infrastructures de transports (avant-projet) : rapport environnemental*, 15 juillet 2010.

de façon paradoxale, le SNIT, découlant du Grenelle, consommait plus d'espaces naturels que le schéma prévu avant le Grenelle. La priorité climatique et l'un de ses remèdes supposés (construction de LGV) priment sur les priorités biodiversité et maîtrise de l'artificialisation, à leurs dépens.

Pourtant, outre leurs impacts en termes de paysage, de biodiversité ou de bruit, le bilan carbone de ces nouvelles lignes n'apparaît pas clairement positif. Les émissions de GES générées par leurs chantiers compliqueront l'atteinte, par la France, de son objectif CO_2 pour 2020. En effet, plusieurs années d'utilisation des lignes seront nécessaires pour compenser le CO_2 dû aux travaux. Ainsi, la construction et l'exploitation de la LGV Rhin/Rhône émettant 1,9 Mt CO_2 nécessitera douze ans de fonctionnement pour rembourser cette dette carbone. À l'inverse de la lenteur de compensation de la dette carbone des nouvelles LGV, les effets sur la biodiversité et les paysages commencent dès la construction, demeurent élevés et perdurent tout au long de la durée de vie de l'infrastructure. Le délai de compensation varie selon les émissions de CO_2 induites par la construction et le report modal qui suit la mise en service. En phase de fonctionnement, le bilan carbone du TGV dépend, certes, de l'origine de l'électricité mais aussi du taux d'occupation des rames. Si celui-ci est important, l'efficacité énergétique et en CO_2 du TGV par passager est supérieure à celle de l'autocar ou des autres trains grandes lignes[20]. Toutefois, elle peut devenir inférieure à celle des autres liaisons ferroviaires et même des autocars lorsque le taux d'occupation chute[21]. Or, les LGV françaises se caractérisent notamment par la desserte de nombreuses gares d'extrémités de lignes ou voies classiques et par des rames dont le taux d'occupation est faible sur ces portions de lignes. Pour ces trajets, le bilan carbone des TGV n'est pas positif.

20 Ademe, *Efficacité énergétique et environnementale des modes de transport*, *op. cit.*

21 Cour des comptes, *La Grande Vitesse ferroviaire : un modèle porté au-delà de sa pertinence*, rapport public thématique, Cour des comptes, 2014.

L'économie globale de CO_2 due aux projets ferroviaires inscrits au SNIT a été évaluée à 100 Mt sur cinquante ans (soit environ 2 Mt/an), pour des émissions associées à la construction des lignes de 30 à 50 Mt CO_2. Le bilan carbone de ces lignes ne deviendrait donc positif qu'après une quinzaine d'années d'exploitation. Il semble pourtant surévalué. De fait, plus les LGV seront mises en service tard, moins leur trafic sera important, plus elles seront coûteuses et moins l'économie de CO_2 sera importante puisque les émissions unitaires des véhicules routiers auront baissé, le covoiturage se sera développé et le trafic par autocar, récemment libéralisé, se sera développé.

Beaucoup de LGV construites ou envisagées en Espagne, en Grande-Bretagne, en Suède et ailleurs ne permettent pas de réduction nette des émissions de GES. De plus, le coût à la tonne de CO_2 évité par la construction de ces LGV apparaît considérable. Il a pu être évalué à 850 euros/t CO_2 évitée pour la LGV Stockholm-Göteborg, alors même que l'électricité suédoise est encore moins carbonée qu'en France. La construction de nouvelles LGV ne peut donc guère être présentée comme une mesure efficiente d'atténuation du changement climatique[22].

Par ailleurs, certains projets ne sont pas soutenables pour les finances publiques. Ainsi en était-il du SNIT de 2011 évalué à 260 milliards d'euros. Suite aux critiques émises et au fait qu'il n'était pas financé, il a été révisé à la baisse en 2013[23]. Sur la base des scénarios établis par la Commission Mobilité 21, les pouvoirs publics se sont prononcés pour le plus ambitieux – qui conserve encore les deux tiers du SNIT de 2011. Pour la partie ferroviaire, ce scénario confirme la poursuite de plusieurs nouvelles LGV.

22 Jan-Eric Nilsson, Roger Pyddoke, *High-Speed Railways: A Climate Policy Sidetrack*, VTI (Swedish National Road and Transport Research), n° 655, 2009 ; Ginés de Rus, *Economic Evaluation of the High Speed Rail*, 2012 ; Jonas Westin, Per Kageson, « Can high speed rail offset its embedded emissions ? », *Transportation Research*, Part D, vol. 17, 2012.

23 Voir, notamment, Hervé Mariton, *Rapport d'information déposé en application de l'article 145 du règlement par la Commission de l'économie générale et du contrôle budgétaire relatif au SNIT*, Assemblée nationale, n° 3450, 18 mai 2011.

Il représente 97 à 116 milliards d'euros de dépenses, alors même que la dette de la SNCF (40 milliards d'euros) dérive de 1 à 2 milliards d'euros par an et pourrait atteindre 60 milliards d'euros en 2025. La Commission Mobilité 21 et la Cour des comptes reconnaissent toutes deux que ces chiffres sont probablement sous-estimés, d'autant plus que certains projets prévus n'ont pas été chiffrés[24].

Les LGV se révèlent de plus en plus coûteuses et une grande partie, voire la plupart des LGV envisagées, ne seront pas rentables. Le projet Poitiers-Limoges est évalué à 2 milliards d'euros. Les 300 km du Tours-Bordeaux, déjà estimés à 5,6 milliards d'euros puis à 8,8 milliards d'euros, se sont transformés en ligne Sud Europe Atlantique (SEA), pour un coût de 14 milliards d'euros. Selon les prévisions, cette ligne sera largement déficitaire durant plusieurs dizaines d'années. Le coût au kilomètre s'élevait à 4,8 millions d'euros (2003) pour le Paris-Lyon. Il se situait à 20 millions d'euros/km pour les LGV décidées dans le cadre du Grenelle et à 26 millions d'euros/km pour le SEA. Le gain de temps permis par les LGV en construction, décidées ou projetées est acquis à un coût considérable (100 à 200 millions d'euros la minute). Le coût, pour chaque voyageur annuel supplémentaire, s'accroît également : 300 euros pour les premières lignes, 1 000 euros pour la LGV Est, 2 000 euros pour les lignes à venir, voire 4 000 euros pour Nîmes-Montpellier[25].

La survalorisation des gains de temps et du trafic *ex ante,* la sous-estimation des coûts, la construction de LGV desservant des régions moins peuplées, les taux d'occupation plus faibles concourent à cette évolution.

Face à un tel bilan coûts/avantages, la question du caractère d'utilité publique des nouvelles LGV se pose depuis de nombreuses années. Cette interrogation a été renforcée par l'avis

24 Cour des comptes, *La Grande Vitesse ferroviaire, op. cit.*

25 Jean-Noël Chapulut, Jean-Pierre Taroux, « Trente ans de LGV, comparaison des prévisions et des réalisations », *Transports*, 462, 2010.

négatif émis par le Conseil d'État, en 2014, sur la déclaration d'utilité publique du projet Poitiers-Limoges et l'avis défavorable de la commission d'enquête publique sur les projets Bordeaux-Dax et Bordeaux-Toulouse, rendu en 2015.

Le transport fluvial constitue un autre exemple de prééminence des considérations climatiques sur d'autres impacts environnementaux. Depuis plusieurs années et notamment à l'occasion du Grenelle de l'environnement, les autorités tentent de le relancer en arguant du fait qu'il serait moins générateur de GES. De fait, pour le fret, comparé au rail et à quatre catégories de poids lourds, son facteur d'émission (en grammes/tonne/km) est égal à celui du rail, c'est-à-dire le plus bas des six modes comparés pour le CO_2 et le N_2O et assez bas pour le CH_4, trois GES. Mais il est le plus élevé de tous et de beaucoup pour les COV et le SO_2 et il est le deuxième plus élevé pour le CO, les NO_x et les PM_{10}. Le rail et trois catégories de poids lourds émettent moins voire nettement moins que le transport fluvial pour chacun de ces cinq polluants dont les effets sur la santé sont avérés[26]. Par ailleurs, outre les impacts de nouveaux canaux sur l'eau et la biodiversité, le transport fluvial émet presque autant de benzène (15 %), cancérigène certain, que le transport routier (19 %).

26 EEA, *Focusing on environmental pressures from long-distance transport*, EEA Report n° 7/2014.

CHAPITRE 7

Une politique climatique française déséquilibrée

Outre son instabilité, la politique climatique française paraît triplement déséquilibrée : entre secteurs, à l'intérieur de chaque secteur, entre atténuation et adaptation.

Elle donne parfois l'impression d'un empilement de mesures instables se juxtaposant ou se superposant sans être véritablement hiérarchisées ni même articulées les unes avec les autres. Il en résulte des incohérences et des effets d'aubaine. Cela semble particulièrement vrai dans les secteurs du résidentiel, de l'agriculture et des transports.

\ Une instabilité permanente

La modification des processus de production, des habitudes de consommation, les économies d'énergie, la substitution d'une énergie à une autre, l'investissement dans des procédés moins émissifs supposent des incitations et, notamment, des signaux-prix à long terme. Cela est nécessaire pour que les acteurs économiques, ménages ou entreprises puissent apprécier la rentabilité de leurs investissements en ce domaine. Or, la politique climatique française se caractérise par son instabilité. Les mesures changent sans cesse dans leurs périmètres, leurs critères d'éligibilité, leurs taux et leurs plafonds.

Certains ajustements progressifs, s'ils sont annoncés à l'avance et correspondent à une logique et/ou à une amélioration des technologies, sont rationnels. Mais le rythme de changement d'autres dispositifs est trop rapide. Ainsi, le crédit d'impôt développement durable (CIDD), institué en 2005, a-t-il été modifié seize fois depuis, soit plus d'une fois par an. De même, le régime de l'éco-PTZ, instauré en 2008, a été amendé huit fois, soit également plus d'une fois par an. Certaines variations sont aussi trop brutales, comme celles concernant les tarifs d'achat de l'électricité provenant du solaire PV qui font même l'objet d'un moratoire en 2010. Celui-ci est d'ailleurs la conséquence d'un calibrage initial des tarifs mal ajusté et d'une évaluation préalable imparfaite.

\ Des efforts inégaux selon les secteurs

Dans sa politique climatique, la France a privilégié les secteurs de l'énergie et du résidentiel-tertiaire. Ces priorités sont-elles pertinentes ? Rien n'est moins certain et ce, pour plusieurs raisons.

En matière d'efficience énergétique, il est admis que les transports constituent le secteur prioritaire[1]. Pourtant, dans ce domaine précis, la France a depuis longtemps privilégié, le résidentiel-tertiaire et la production d'énergie. Ainsi, la loi Grenelle rend clairement le bâtiment prioritaire en la matière. Le plan national d'action pour l'efficacité énergétique confirme cette prééminence. À l'horizon 2020, 88 % des économies d'énergie françaises doivent être issues de ce secteur. Or, d'une part, il ne représente que 44 % de la consommation d'énergie en France et,

1 Voir, par exemple, OCDE, *Énergie*, *op. cit.*

d'autre part, il s'agit là d'une proportion nettement plus élevée que celle envisagée à l'échelle de l'UE (57 %)[2]. La France a donc choisi de faire supporter à ce secteur un effort double à son poids dans la consommation d'énergie.

Ensuite, comme on l'a vu, le secteur énergétique français est nettement plus performant que celui de ses pairs. Que ce soit pour les émissions de CO_2 dues à la consommation d'énergie par habitant ou par unité de PIB ou pour les émissions de CO_2 dues à la production d'électricité, il se classe aux premiers rangs de l'UE et de l'OCDE. De plus, les performances de la France en matière d'intensité carbone de l'énergie continuent à s'améliorer progressivement, ce qui n'est pas le cas d'autres secteurs émetteurs en France, ni du secteur énergétique de nombre d'autres pays (Amérique latine, Afrique, Moyen-Orient, Extrême-Orient, Océanie, etc.) pour les émissions par habitant[3].

Surtout, si les industries de l'énergie constituent la principale source d'émissions européennes de GES, représentant près d'un tiers de celles-ci, la situation est différente en France. Elles n'y sont que le cinquième émetteur, n'atteignant que le tiers de la moyenne européenne, après, par ordre d'importance, les secteurs des transports, de l'agriculture, de l'industrie et du résidentiel-tertiaire. Ainsi, l'énergie n'émet que 11,7 % des GES en France contre près du triple (32,8 %) dans l'UE. À l'inverse, l'agriculture compte pour 21 % des émissions (contre 12 % seulement dans l'UE) et les transports représentent 28 % des GES, soit nettement plus que dans l'UE (19,7 %). Enfin, le résidentiel-tertiaire n'est que le quatrième émetteur.

Les transports et l'agriculture semblent donc rester relativement à l'écart des efforts de réduction des émissions de GES en France. Ce déséquilibre paraît d'autant plus surprenant que, d'une part, c'est dans les transports que les émissions croissent le plus rapidement et que, d'autre part, les émissions agricoles ne

2 Commission des communautés européennes, *Plan d'action pour l'efficacité énergétique*, 2006.

3 Voir, par exemple, MEDDE-CDC Climat, *Chiffres clés du climat*, *op. cit.*

baissent que peu, les émissions de l'industrie diminuant elles de plus d'un tiers[4]. Cette négligence relative perdure dans la loi sur la transition énergétique de 2015, où la place accordée à l'agriculture et aux transports est faible. Le gisement de réduction semble donc important dans ces deux domaines.

Des déséquilibres au sein de chaque secteur

Le logement et le tertiaire

Les mesures de la politique climatique s'appliquant au secteur du logement et du tertiaire souffrent, elles-mêmes, de plusieurs déséquilibres.

Un premier déséquilibre s'observe entre l'immobilier et l'urbanisme. La plupart des mesures concernent l'enveloppe thermique des locaux au moyen de normes, labels et incitations fiscales : CIDD, éco-PTZ, verdissement du régime fiscal de l'immobilier locatif, BEPOS, BBC, HPE, THPE, DPE, efficacité énergétique et réduction des GES des bâtiments publics, RT2005, RT2012, obligation d'entretien annuel et respect de rendement minimal des chaudières, éco-PLS, exonération temporaire de TFB à la suite de travaux de rénovation énergétique.

À côté de cette abondance de dispositifs, les actions en termes de maîtrise de l'étalement urbain, de densification, d'incitation à un urbanisme mixte, malgré quelques mesures en ce sens dans les lois Grenelle et ALUR, demeurent faibles. À l'inverse, les régimes fiscaux de l'investissement locatif ou le PTZ ont favorisé l'étalement urbain et donc la consommation d'énergie et les émissions de GES résultant des transports induits. Or, les actions d'amélioration de l'efficacité énergétique et de diminution des émissions de GES dans les bâtiments peuvent être plus que compensées par l'étalement urbain.

---

4 CITEPA, *op. cit.*

Un autre déséquilibre paraît exister entre constructions neuves et rénovation. Les différentes hypothèses de construction de logements neufs ont été revues à la hausse récemment. L'objectif annoncé par le président de la République à plusieurs reprises depuis 2012 est désormais fixé à 500 000 par an. Un tel chiffre n'a pourtant jamais été atteint depuis 25 ans, et le nombre de constructions annuelles a plutôt tendance à décliner ces dernières années.

L'accélération hypothétique du nombre de constructions de logements neufs et celle, concomitante, de démolitions de logements anciens conduiraient, certes, à une amélioration mécanique des performances du parc de logements (les neufs étant plus économes et moins émissifs). Mais cette supposition encourt plusieurs critiques. Elle n'est probablement pas réaliste au vu de la conjoncture économique et du marché de la construction et de l'immobilier. En accélérant la démolition de logements anciens, elle renonce à leur rénovation, plus intensive en emplois. Elle ne précise pas où seront construits les nouveaux logements par rapport à ceux détruits. S'il s'agit de constructions qui participent de l'étalement urbain, l'opération pourrait se révéler négative à la fois en termes de consommation d'énergie et d'émissions de GES. Elle ne semble pas prendre en compte les flux additionnels de GES qui seraient émis par l'accélération du nombre de constructions et de démolitions et qui pourraient, dans un premier temps au moins, entraîner un bilan carbone négatif.

À l'inverse, la rénovation de l'ancien, qui possède l'avantage de s'appliquer à un bâti existant, éventuellement déjà situé à proximité des transports collectifs, ne paraît pas être prioritaire. Certes, les objectifs en la matière sont sans cesse revus à la hausse. Le Grenelle avait fixé un chiffre de 400 000 rénovations lourdes par an. Le président de la République, à plusieurs reprises depuis 2012, l'a élevé à 500 000 par an, chiffre repris dans le plan de rénovation énergétique de l'habitat et dans la loi relative à la transition énergétique en 2015. Dans son rapport de 2013 à la Commission européenne sur l'application du paquet énergie-climat, la DGEC fixe un objectif de 900 000 par an. Quoi qu'il en soit, au-delà de la variation du simple au double de ces chiffres, aucun d'entre eux n'a jamais été atteint. Et la France ne semble toujours pas se donner les moyens d'y parvenir. Par ailleurs, on observe une certaine confusion dans les buts et les instruments de la politique climatique suivie dans le logement. Étant donné la part importante du chauffage électrique, les normes imposées s'apparentent moins à une politique d'atténuation des GES qu'à une politique d'économie d'énergie.

L'agriculture

Dans le secteur primaire, curieusement, l'action n'a quasiment concerné jusqu'ici que le CO_2. Pourtant, si le secteur agricole est le deuxième secteur émetteur de GES en France, le CO_2 représente moins de 10 % de ses émissions et moins de 2 % du total des émissions de CO_2 françaises. Les GES d'origine agricole sont surtout constitués de N_2O (pour 51 % de ses émissions et 89 % du total national) et de CH_4 (pour 41 % de ses émissions et 76 % du total national). En outre, depuis 20 ans, ces émissions n'ont que peu baissé (– 2 % pour le CH_4 et – 17 % pour le N_2O). Or, la diminution des émissions de CH_4 serait particulièrement utile en raison de leur faible durée de vie. Elle engendrerait des bénéfices climatiques plus rapides que la réduction des autres GES. Globalement, le secteur agricole diminue ses émissions à un rythme nettement moindre que celui des autres pays de l'UE. Du fait qu'il représente une part relative quasiment double des émissions en France par rapport à la moyenne de l'UE, il devrait théoriquement consentir un effort plus rapide que dans les autres pays européens. C'est d'autant plus le cas que la Commission européenne estime que l'agriculture pourrait réduire de 42 % à 49 % ses émissions de GES, autres que le CO_2, d'ici 2050[5].

5 Commission européenne, *Communication de la Commission au Parlement européen, au Conseil, au Comité économique et social européen et au Comité des régions. Feuille de route vers une économie compétitive à faible intensité de carbone à l'horizon 2050*, COM, (2011), 112 final, 8 mars 2011.

Il ne semble pas exister de plan d'action climatique global dans le secteur agricole. L'accent, placé sur la consommation énergétique des exploitations à travers un plan de performance énergétique, ne concerne pas les pratiques culturales, à l'origine de l'essentiel des émissions : fertilisation des sols par des engrais azotés, déjections animales, fermentation, etc. Il néglige également les émissions résultant du changement d'usage des sols : par exemple le déstockage de carbone issu du retournement des prairies, de la mise en culture des zones humides, de la suppression des haies, etc. Pourtant, certaines actions – optimisation de la fertilisation azotée, culture sans labour, durée de vie accrue des prairies temporaires, culture de légumineuses – permettent d'agir sur le N_2O et le CH_4 à un coût faible voire négatif[6].

Les transports

La politique climatique appliquée au secteur des transports souffre de nombreux déséquilibres qui contribuent à expliquer ses limites et sa faible efficience.

Un premier déséquilibre apparaît entre véhicules particuliers, d'une part, et véhicules utilitaires et poids lourds, d'autre part, la consommation unitaire des premiers ayant davantage baissé.

Cette disproportion peut être reliée à une deuxième : celle entre le nombre de dispositifs incitatifs pour les véhicules légers (TVS, bonus-malus, prime à la casse, super bonus, taxe sur les cartes grises, etc.) et la faiblesse des mesures voire l'allègement des incitations pour les poids lourds (baisse de la taxe à l'essieu, recul sur la taxe nationale sur les véhicules de transport de marchandises, autorisation des 44 tonnes, taux réduit de TICPE, etc.).

On constate un troisième déséquilibre entre l'existence de normes et incitations pour diminuer les émissions de CO_2, voire la consommation des véhicules (promotion des véhicules électriques et hybrides, TVS, bonus-malus, prime à la casse, modulation de

6 Ademe, *Ademe & vous, Stratégie et études*, n° 41, 16 février 2015.

la taxe sur les cartes grises, etc.), et l'absence de véritable politique pour diminuer la mobilité contrainte, notamment routière (plans de déplacements urbains (PDU) faiblement incitatifs dans ce domaine, absence de péage urbain, échec du report modal, pas de rapprochement des lieux de vie et de travail, etc.). L'accent a donc bien davantage été placé sur les moyens techniques que sur les solutions d'ordre sociologique et économique, comprenant maîtrise de la mobilité et régulation de la logistique et de la distribution. On peut s'interroger sur la pertinence de ce choix qui n'est pas purement national et qui s'est parfois effectué au détriment de la qualité de l'air, comme on l'a vu.

Un quatrième déséquilibre concerne le découplage continu entre politique des transports et politique de l'urbanisme que l'on persiste largement à concevoir et à mettre en œuvre distinctement, en silos, et non de façon articulée.

À l'intérieur du mode ferroviaire existe un cinquième déséquilibre entre une priorité donnée au TGV et les lignes secondaires ou le fret ferroviaire.

Au sein des transports collectifs, la priorité accordée au fer au détriment du fret passager routier constitue un sixième déséquilibre. Ce dernier est pourtant beaucoup moins émissif que le véhicule individuel et peut constituer une alternative moins coûteuse lorsque certaines lignes ferroviaires secondaires ne sont pas rentables.

Le fait que la politique climatique soit devenue dominante au sein de l'action publique environnementale n'empêche pas qu'elle paraisse elle-même dominée par d'autres politiques publiques sectorielles. Elle ne semble pas parvenir à infléchir profondément la plupart d'entre elles. La politique des transports en fournit une illustration.

D'une manière générale, on constate une absence d'articulation entre le volet transport de la politique climatique et les autres aspects de la politique des transports. Lorsque la politique climatique cherche à s'appliquer aux transports, elle semble ne le faire que de façon timide, très partielle, voire anecdotique. Ce secteur ne fait pas l'objet d'une approche globale. Sont mises en avant des mesures qui ne permettent pas une véritable maîtrise des émissions de GES.

La politique française des transports correspond, essentiellement, à une politique de l'offre. Elle semble, de façon quasi constante, avoir privilégié la construction de nouveaux réseaux à l'entretien, la modernisation, l'élargissement, la mise aux normes des réseaux existants. La maîtrise, la régulation ou l'orientation de la demande par des incitations, la diminution de la mobilité contrainte, etc. semblent reléguées. Il s'agit surtout de développer de nouvelles infrastructures, parfois redondantes, de plus en plus coûteuses, de moins en moins rentables, peu articulées entre elles de façon intermodale. On peut se demander si une telle politique n'est pas décalée par rapport à une politique climatique. En outre, la seconde option s'avère moins préjudiciable en matière de biodiversité ou de paysage car elle évite de nouvelles fragmentations d'espaces naturels.

La création d'une nouvelle offre de voirie génère un trafic nouveau avec le temps[7]. Or, malgré la progression globale des émissions de GES des transports et alors même que la route en représente 95 %, et que le réseau routier français est déjà l'un des plus denses d'Europe, la puissance publique continue à investir pour le développer. Ainsi, le SNIT annonce 1 570 km de nouvelles extensions de réseau routier à caractéristique autoroutière. À l'automne 2013, un accord entre l'État et les groupes de BTP exploitant les autoroutes prévoit une vingtaine de chantiers de construction de petits travaux d'autoroutes supplémentaires, en échange de l'allongement de la durée des concessions autoroutières. De même, la volonté des pouvoirs publics, à l'automne 2014, de faire baisser le prix des péages, puis leur blocage pour 2015, peuvent sembler contradictoires avec les souhaits de

7 Il a pu être évalué à plus de 40 % après dix ans : Centre d'études techniques de l'équipement du Sud-Ouest, *Estimation du trafic induit pour un aménagement lourd*, Setra, ministère de l'Équipement des Transports et du Logement, 1992.

limitation des émissions de GES de la route et de report modal sur le fer. C'est d'autant plus le cas qu'ils se manifestent au moment où les prix des carburants diminuent de façon significative.

La part du fret ferroviaire a continué à décliner depuis 2005. En outre, si les émissions de GES dues aux usages de la route ont crû de 11 % entre 1990 et 2012, ce n'est pas lié à la performance unitaire des véhicules, qui s'est améliorée, mais au développement important du trafic : + 32 % pour les véhicules légers, + 28 % pour les poids lourds[8]. Continuer à investir dans de nouvelles infrastructures routières peut donc paraître contradictoire avec la politique climatique : à court terme, ces travaux de construction accroissent eux-mêmes les émissions de GES ; surtout, à moyen terme, ils génèrent une augmentation du trafic, laquelle ne sera peut-être pas compensée par les progrès technologiques unitaires accomplis dans les années qui viennent.

Ce constat ne signifie pas qu'il ne faudrait plus construire aucune infrastructure routière nouvelle. Mais force est de constater que la contradiction entre la politique climatique et l'extension d'un réseau quasi exclusivement utilisé par des véhicules utilisant des énergies fossiles n'est pas soulevée. À tout le moins, un débat pourrait exister sur l'opportunité de faciliter le développement du trafic routier, principal contributeur des GES des transports. Pour le rail, la construction *ex nihilo* d'un réseau de LGV coûteux l'a emporté sur la technique du train pendulaire qui aurait permis d'utiliser des trains plus rapides sur les voies existantes. De même, l'entretien et la modernisation du réseau classique et le fret ferroviaire ont été délaissés au profit de l'édification du réseau LGV. La politique climatique n'est pas parvenue à infléchir cette tendance. Du point de vue de l'environnement, une meilleure politique consisterait peut-être à stimuler le report modal sur des lignes déjà existantes, quitte à les moderniser. Le gain en CO_2 serait immédiat et l'impact paysager et sur la biodiversité, nul. C'est d'autant plus vrai que le réseau ferroviaire

8 CITEPA, *op. cit.*

français est dense. Ce n'est pas l'option choisie par le volet ferroviaire du Grenelle et du SNIT. Sur 174 milliards d'euros d'investissements ferroviaires prévus, le SNIT continue à donner la priorité à de nouvelles lignes – 107 milliards d'euros dont 60 milliards d'euros pour de nouvelles LGV – sur la régénération du réseau ferroviaire (67 milliards d'euros).

La loi sur la transition énergétique de 2015 confirme ces tendances. La mesure phare en matière de transports consiste en la réaffirmation du développement du véhicule électrique. Or, si c'est là une tendance souhaitable, étant donné le mix électrique français, elle peinera, à elle seule, à diminuer les émissions de GES à court et moyen termes. D'abord parce que cette technologie semble peu adaptée au transport de fret interurbain à cette échéance. Ensuite, car si le véhicule électrique constitue l'un des ingrédients de la solution, il ne supprime pas, à lui seul, toutes les émissions dues au véhicule individuel (provenance fossile de l'électricité lors des pics de consommation, énergie utilisée lors du recyclage du véhicule électrique et des batteries, polluants émis par les pneumatiques, les freins, la climatisation).

À l'inverse, des dispositions importantes qui permettraient d'endiguer l'évolution des émissions de GES du secteur semblent négligées dans la loi : meilleure coordination des politiques de transport et d'urbanisme pour freiner l'étalement urbain, développement des transports collectifs, notamment en intra-urbain, régénération des lignes secondaires et du fret ferroviaire, péage urbain, etc.

La priorité contestable des ENR sur l'efficacité énergétique

Plusieurs études tendent à suggérer que l'efficacité énergétique offre non seulement des perspectives de diminution des émissions de CO_2 rapides et moins coûteuses que d'autres mesures, mais aussi de bonnes perspectives d'amélioration des performances environnementales en général, et stimule la croissante verte. Elle permet aussi d'atténuer l'impact des différences de prix régionaux sur la compétitivité. Dans le scénario 450 ppm de l'AIE pour respecter l'objectif moyen de + 2 °C en 2035, l'efficacité énergétique représente près de la moitié des réductions d'émissions de CO_2 (44 %), soit plus du double de celles provenant des ENR (21 %), qui sont également devancées par la récupération et le stockage du carbone[9].

Beaucoup de mesures qui relèvent de l'efficacité énergétique sont rentables en elles-mêmes. Elle peut favoriser un surplus de croissance du PIB (de 0,25 % à 1 %) et est créatrice d'emplois[10]. Ainsi, la mise en œuvre de 25 recommandations de l'AIE en la matière, entérinées par les ministères de l'énergie en 2011, pourrait contribuer à réduire les émissions mondiales de CO_2 de 7,6 Gt par an d'ici 2030, soit une fois et demie les émissions actuelles des États-Unis[11]. L'amélioration de l'efficacité énergétique facilite aussi une approche intégrée portant à la fois sur les émissions de GES et sur les polluants atmosphériques, de façon nettement moins coûteuse qu'une prise en charge séparée des deux questions[12].

Ce constat paraît particulièrement adapté à la France. Or, la politique française de lutte contre le changement climatique et de

9 IEA, *World Energy Outlook 2011, op. cit.*

10 IEA, OECD, *Capturing the Multiple Benefits of Energy Efficiency*, IEA, 2014.

11 IEA, OECD, *25 Energy Efficiency Policy Recommendations*, OECD, IEA, 2011.

12 OCDE, *Énergie, op. cit.*

transition énergétique a jusqu'ici privilégié la production d'électricité renouvelable par rapport à l'efficience énergétique, notamment dans les secteurs les plus émetteurs.

Cette préférence relative ne semble pas optimale. On peut lui adresser plusieurs critiques. Tout d'abord, les emplois créés par les économies d'énergie sont peu délocalisables. À l'inverse, l'investissement dans les énergies renouvelables induit bien des emplois dans l'installation et la maintenance mais beaucoup moins dans la fabrication puisqu'une grande partie du matériel provient de l'étranger.

Ensuite, en l'état actuel des techniques et en l'absence de capacités de stockage, si les économies d'énergie peuvent s'appliquer à tous les secteurs, c'est moins le cas du développement des énergies renouvelables.

Par ailleurs, la France étant une économie peu carbonée, la principale source de réduction des émissions de CO_2 se trouve davantage dans les économies d'énergie fossile (et la gestion fine de la demande des pointes d'électricité) que dans le développement des énergies renouvelables[13]. En effet, dans la mesure où 90 % de l'électricité française provient déjà de sources non fossiles, les gains à attendre en termes d'émissions de CO_2 d'une politique de développement de l'électricité renouvelable ne peuvent être que modestes. Comme on l'a vu, si l'on raisonne en ACV et par rapport au contenu en CO_2 du kilowattheure français actuel, le kilowattheure produit par certaines ENR n'est pas clairement moins carboné et ne permet donc guère de diminuer le contenu carbone du mix métropolitain.

Si la politique de développement des ENR n'entraîne pas de gains nets en matière d'émissions de CO_2, elle possède des inconvénients de nature autre.

---

13 Pour une synthèse récente sur ce point, voir Cour des comptes, *La Mise en œuvre par la France du paquet énergie-climat, op. cit.*

Tout d'abord, la France n'est pas véritablement parvenue à structurer des filières industrielles dans le solaire et l'éolien : elle doit importer du matériel, contribuant ainsi au déficit de la balance commerciale. Cela est en partie dû à ce que le soutien public aux ENR s'est essentiellement concentré sur la demande, c'est-à-dire sur le déploiement de technologies existantes dont la France n'était pas productrice et moins sur l'offre ou sur l'innovation. Elle tente aujourd'hui, avec retard, de développer une filière de l'éolien *off-shore*. Mais il s'agit d'un secteur très capitalistique, avec des coûts du kWh produit très élevés, doubles ou triples d'un kWh décarboné efficace et loin de la parité réseau. À ce jour, la France ne possède toujours aucune éolienne *off-shore* pouvant servir de vitrine à un savoir-faire, à l'inverse d'autres pays de l'UE (Allemagne, Danemark, Grande-Bretagne).

Ensuite, le développement des ENR en France apparaît très coûteux, que ce soit en masse globale des investissements nécessaires pour remplir les objectifs chiffrés, et donc pour le consommateur, ou en termes de bilan socio-économique.

Sur le premier point, la Cour des comptes évalue à 19,4 milliards d'euros les dépenses supportées par la collectivité pour leur développement entre 2005 et 2013, et entre 65 et 110 milliards d'euros (dont 36 à 59 milliards d'euros restant à investir) les investissements nécessaires entre 2005 et 2020 pour atteindre les objectifs du paquet énergie-climat en 2020. À ces coûts, il convient d'ajouter plus de 5,5 milliards d'euros pour l'adaptation du système électrique français au caractère décentralisé des ENR et les dépenses correspondant aux centrales thermiques de « *back-up* », nécessaires pour parer à l'intermittence des ENR. L'absence de prise en compte de ceux-ci aboutit parfois ou souvent à des prévisions de coûts de parité réseau erronées.

Sur le second point, les coûts de production de certaines ENR apparaissent particulièrement élevés : 195 à 689 euros/MWh pour le solaire thermique, 114 à 547 pour le solaire PV, 94 à 194 pour le solaire thermodynamique, 105 à 164 pour l'éolien en mer, etc. Les coûts publics à la tonne de CO_2 évitée sont très variables selon les ENR et les dispositifs de financement : par exemple, 0 à 1 500 euros/t éq CO_2 pour la biomasse, 100 à 1 000 euros pour la géothermie, 0 à 500 euros pour le biogaz, 40 à 1 000 euros pour l'éolien terrestre, etc. Mais ils sont plus élevés que ceux des économies d'énergie : par exemple, *via* le CIDD : 448 euros pour le solaire thermique, 112 euros pour le solaire PV mais 139 euros pour l'isolation des parois vitrées, 33 euros pour les chaudières à condensation, 21 euros pour l'isolation des parois opaques, etc.[14]

La priorité conférée aux ENR a donc conduit à financer des projets dont le coût d'abattement à la tonne de CO_2 était élevé, voire très élevé. Une telle politique est justifiable lorsqu'il s'agit de recherche et développement, de démonstrateurs ou de têtes de séries de technologies alternatives, forcément plus coûteuses que lorsque ces techniques sont disponibles à grande échelle. Elle l'est moins quand elle finance le fonctionnement de matériels importés dont le rapport coût/bénéfice est élevé.

Certes, les industries énergétiques sont très capitalistiques. Les nouvelles technologies de l'énergie doivent, en outre, se frayer un chemin difficile, en France particulièrement, du fait d'une longue situation de monopole, du rôle toujours dominant de l'opérateur historique, d'un univers concurrentiel encore très imparfait, de la persistance de tarifs réglementés du gaz et de l'électricité (outre les tarifs sociaux) et d'un prix de l'électricité parmi les plus bas de l'UE. Les diverses techniques énergétiques ont souvent bénéficié du soutien de la puissance publique. Il n'est donc pas anormal qu'il en soit ainsi pour les énergies renouvelables, notamment dans leurs débuts.

Il n'en demeure pas moins qu'ont été soutenues, de façon insuffisamment différenciée, des énergies renouvelables à coût du kilowattheure produit très disparate. Il en est résulté des effets d'aubaine. Cette situation n'est toutefois pas propre à la France. En Grande-Bretagne, le coût à la tonne de CO_2 évitée des biocar-

14 Cour des comptes, *La Politique de développement des énergies renouvelables*, *op. cit.*

burants a pu être évalué entre 165 et 1100 dollars, voire entre 330 et 8 500 dollars en incluant les changements d'usage des sols.

Le choix et la mise en œuvre de mesures dont l'efficacité coût/bénéfice est faible entraînent plusieurs conséquences dommageables. Ils risquent de restreindre la diminution des émissions de GES par rapport à ce qui aurait été possible pour un même montant affecté à des mesures moins coûteuses. Ils font peser une charge supplémentaire sur les finances publiques dont la situation est déjà dégradée. Ils contribuent à orienter l'épargne privée vers des projets non optimaux. Ils prélèvent des moyens qui ne seront plus disponibles pour financer l'adaptation, laquelle sera de toute façon nécessaire. Ils captent des ressources qui auraient pu être affectées à d'autres pans de la politique environnementale et ne le seront pas.

Par ailleurs, et ce point paraît peu relevé, la politique des ENR semble plus régressive socialement que celle des économies d'énergie. Outre ses avantages déjà rappelés, une politique d'économie d'énergie peut être plus ou moins ciblée, en priorité, sur les ménages modestes, notamment ceux en situation de précarité énergétique. Les bénéfices d'une telle politique sont multiples : allègement de la facture énergétique des catégories défavorisées, intensité en emplois, baisse des importations d'énergie, réduction des émissions de CO_2, diminution de la pollution atmosphérique, etc.

Les politiques de soutien au développement des ENR mises en place en Europe ont notamment reposé sur une obligation de rachat de l'électricité produite par de grandes (entreprises) ou de petites (particuliers) installations d'ENR, à des tarifs fixés par les pouvoirs publics. Ceux-ci ont été établis à des niveaux permettant la rentabilité des installations d'ENR dont le coût de production du kWh était supérieur au coût du mix électrique national, donc au coût du marché. En France, ce tarif de rachat a été financé par la contribution au service public de l'électricité (CSPE) intégrée à la facture d'électricité. Initialement instaurée pour financer la péréquation tarifaire, les tarifs sociaux, etc., la CSPE a donc augmenté régulièrement : 4,5 euros/MWh en 2010, 7,7 euros/MWh en 2011, 10,5 euros/MWh en 2012, 13,5 euros/MWh en 2013, 16,5 euros/MWh en 2014 et 19,5 euros/MWh en 2015.

Les tarifs de rachat ne représentaient qu'une part minoritaire de la CSPE jusqu'en 2011. Ce n'est plus le cas depuis 2012. Entre 2005 et 2011, la part de la CSPE liée aux ENR s'élevait, en cumulé, à 3,3 milliards d'euros. Entre 2012 et 2020, elle pourrait atteindre 40,5 milliards d'euros. En 2013, elle représentait 3 milliards d'euros, soit 60 % de la CSPE et 10 % de la facture d'électricité des clients résidentiels. Cette part pourrait doubler d'ici 2020[15] pour atteindre 8 milliards d'euros. Dans les faits, cette politique a conduit à faire financer en partie par les ménages, y compris les ménages modestes, des producteurs d'ENR touchant ainsi des revenus garantis, assimilables à des rentes. Elle a donc entraîné une augmentation des prix de l'électricité pour les ménages, alors qu'une priorité accentuée aux économies d'énergie aurait pu favoriser la diminution de la facture d'énergie pour davantage de catégories modestes. Les coûts de cette politique ont été accrus par les frais de réseaux, imposés par la dispersion des nouvelles unités de production d'ENR.

Si le recours aux ENR constitue une part importante, voire majeure, dans les solutions au changement climatique et dans la « transition énergétique » au plan mondial, la priorité qui lui a été accordée au sein de la politique climatique française apparaît plus contestable. Elle engendre un coût important. Son bilan carbone est médiocre. Elle a généré des effets d'aubaine. Elle n'a pas permis la constitution de filières industrielles nationales. Elle a entraîné un renchérissement de la facture électrique, y compris pour les ménages modestes. Elle n'a pas permis de diminuer la précarité énergétique.

15 Jean Desessard, *Rapport fait au nom de la Commission d'enquête sur le coût réel de l'électricité afin d'en déterminer l'imputation aux différents agents économiques*, Sénat, n° 667, 2012.

\ Un déséquilibre majeur entre atténuation et adaptation

Il existe deux grands types de politique climatique : l'atténuation (« *mitigation* ») des émissions de GES et l'adaptation au changement climatique. La France a délibérément axé la sienne sur le premier type et a, jusqu'ici, relativement négligé la seconde.

Dans le DPT climat 2015, annexé au projet de loi de finances, il est révélateur de constater que 100 % des dépenses fiscales recensées et 71 % des dépenses budgétaires relèvent de l'atténuation domestique. Plusieurs causes peuvent contribuer à expliquer cet état de fait.

D'abord, la politique d'atténuation peut paraître, de prime abord, plus facile à évaluer et à piloter par des indicateurs et objectifs quantitatifs (tonnes de CO_2 ou d'équivalent CO_2 évitées et coût de la tonne de CO_2 ou d'équivalent CO_2 évitée). Mais il s'agit là d'une piètre excuse si ces indicateurs ne permettent pas, *in fine*, de mesurer les progrès accomplis dans la mise à l'abri des populations, des équipements collectifs et du capital économique des conséquences du changement climatique. En outre, il semble possible de mettre au point des indicateurs quantitatifs d'une politique d'adaptation : par exemple, le nombre de personnes protégées de l'élévation du niveau de la mer par l'édiction d'un plan de prévention du risque inondation (PPRI) ou la révision d'un plan local d'urbanisme (PLU) et le coût de ces mesures par habitant mis à l'abri, etc.

Ensuite, la lenteur de la prise de conscience de certains aspects du changement climatique ou leur sous-estimation a pu retarder la mise en œuvre de mesures d'adaptation. La focalisation de la politique climatique française sur le secteur de l'énergie a également pu inciter à favoriser l'atténuation sur l'adaptation. La croyance en la capacité d'un infléchissement plus rapide des émissions de GES, notamment par un accord mondial, a aussi pu jouer.

Certains, considérant que donner la priorité ou même accorder une place importante à l'adaptation reviendrait à minorer les efforts d'atténuation et constituerait un renoncement à une politique d'atténuation ambitieuse, ont plaidé pour une concentration sur l'atténuation[16].

Enfin, la conviction, particulièrement forte en France, que le problème pourrait être résolu par des solutions techniques a probablement tenu une place importante. Si la technique était à l'origine du problème, *via* l'utilisation des énergies fossiles depuis la révolution industrielle, alors il devrait être possible de le résoudre par de nouvelles techniques comprenant les énergies peu carbonées (nucléaire, énergies renouvelables, d'où peut-être la préférence envers celles-ci par rapport aux économies d'énergie), la décarbonisation des énergies fossiles et de leurs usages (« charbon propre », normes d'émission, stockage souterrain ou sous-marin du CO_2, autres techniques de géo-ingénierie, etc.). L'importance de cette croyance en France, par rapport à d'autres pays, a peut-être été accrue par une très ancienne foi dans le progrès technique, le matérialisme, la maîtrise de la nature par l'homme, dans la tradition cartésienne et catholique.

Une application parmi d'autres de cette croyance concerne l'attitude face à l'élévation du niveau de la mer. En France, la vision ancienne et toujours actuelle, quasi unanimement partagée par la population et les élus, est celle dite de la « défense contre la mer ». Il s'agit de construire ou consolider des digues, de remblayer artificiellement des plages, de consolider le trait de côte, de façon à protéger les constructions menacées par la montée du niveau de la mer, même lorsqu'il apparaît que ces mesures seront très coûteuses, voire d'une efficacité douteuse, et même lorsque les constructions en question n'ont pas respecté les règles d'urbanisme. Lorsqu'il est fait entorse à cette conception

16 Voir, par exemple, Olivier Godard, « Cette ambiguë adaptation au changement climatique », *Natures Sciences Sociétés*, vol. 18, n° 3, 2013.

et que l'État rachète plusieurs centaines de maisons pour les détruire, à la suite d'un phénomène de submersion marine exceptionnel ayant entraîné plus de 50 morts sur des terrains où, en l'absence de PPRI pourtant prescrit depuis près de neuf ans, une urbanisation extrême a eu lieu, malgré les remarques des services de l'État et sans que le contrôle de légalité ne parvienne à l'empêcher, les habitants et les élus peinent à l'accepter.

À l'inverse, en Grande-Bretagne, la politique expérimentée aujourd'hui est celle dite du « retrait des terres ». Elle consiste à prendre acte du caractère inévitable de l'élévation du niveau de la mer, à créer des brèches dans des digues existantes, à laisser la mer pénétrer et envahir ces espaces et, éventuellement, à consolider ou créer des digues en retrait. Pourtant, la surface de la Grande-Bretagne est nettement plus restreinte que celle de la France et sa population plus nombreuse, d'où une densité démographique de plus du double (252 habitants au km^2 contre 112 en France). Il en résulte un relatif manque d'espace qui devrait, en théorie, y rendre l'utilité marginale de chaque mètre carré de sol plus élevée qu'en France et le sacrifice du « retrait des terres » plus difficile à accepter. Il n'en est rien.

Mettre l'accent sur l'adaptation semble plus coûteux politiquement et psychologiquement en France. Cela revient, en quelque sorte, à reconnaître que la technique n'a pas aujourd'hui la solution et que l'atténuation ne suffira pas.

Pourtant, la concentration de la France sur les politiques d'atténuation entraîne plusieurs conséquences dommageables. Tout d'abord, les politiques d'adaptation n'ont été entreprises qu'avec retard. Par exemple, l'adoption des PPRI s'effectue avec délais, atermoiements et contestations. L'objectif, annoncé, en 2011, d'une couverture intégrale, fin 2015, des communes concernées par un PPRI littoral n'est pas tenu. La proposition de loi sur la gestion du risque de submersion marine, adoptée par le Sénat le 3 mai 2011, n'a toujours pas été examinée par l'Assemblée nationale plus de quatre ans après. Les PLU prennent toujours insuffisamment en compte les risques de submersion marine[17]. La double croyance dans des solutions techniques et dans le fait que l'atténuation suffirait à résoudre le problème figure parmi les causes de ce retard. Mais le pas de temps des deux politiques est long et il faut probablement les conduire parallèlement. Plusieurs décennies, au moins, seront encore nécessaires pour diminuer, dans des proportions importantes, les émissions de GES, et pour que se répandent, à grande échelle, des technologies neutres en carbone. Pendant ce temps-là, le changement climatique continuera. Étant donné le cycle du climat et la durée de vie des GES, même si l'on interrompt demain leurs émissions, leurs effets se poursuivront encore pendant un temps assez long et les politiques d'adaptation sont donc, quoi qu'il arrive, nécessaires et le demeureront.

Les politiques d'adaptation possèdent un avantage décisif sur l'atténuation. Elles permettent de dépasser le débat sur les causes du changement climatique. Ceux qui doutent des origines ne serait-ce que partiellement anthropiques du changement climatique, de bonne foi pour certains, en vue de la défense d'intérêts sectoriels pour d'autres, ont contribué à retarder la mise en place de mesures d'atténuation jugées coûteuses pour l'économie ou justifiant un interventionnisme accru, non souhaité, de l'État. Leur utilité demeurait contestée tant que l'origine du changement climatique n'était pas clairement établie. De fait, pourquoi dépenser tant d'argent pour combattre un phénomène dont la cause n'est pas certaine, peuvent objecter les uns ou les autres ?

L'adaptation, de toute façon nécessaire, permet d'enjamber cette étape et de surmonter ce questionnement. Contrairement à ce que pourrait laisser penser l'intensité du débat sur ce point, la ou les causes exactes des modifications climatiques sont

17 Francois Calvet, Christian Manable, *Rapport d'information fait au nom de la Délégation aux collectivités territoriales et à la décentralisation sur Xynthia 5 ans après : pour une véritable culture du risque dans les territoires*, Sénat, n° 536, 2015.

devenues une question secondaire. D'une part, parce que le changement climatique est en cours. Et ses conséquences (économiques, environnementales, sociales, financières, géopolitiques, etc.) sont de mieux en mieux perçues, analysées, comprises, quantifiées. Dès lors, qu'il soit d'origine naturelle, anthropique ou mixte importe peu. Il convient d'en tenir compte et de s'y adapter.

D'autre part, parce que la différence la plus importante entre le changement climatique en cours et ceux l'ayant précédé tient peut-être autant voire davantage dans leurs conséquences que dans leurs origines. Jusqu'au XIXe siècle, si certains changements climatiques ont engendré des conséquences économiques et peut-être contribué à favoriser des migrations humaines et des changements politiques, ils ont surtout entraîné des conséquences biologiques (extinctions d'espèces, etc.).

Mais le changement climatique en cours sera celui dont les conséquences financières seront les plus élevées. Jamais, dans l'histoire, le stock physique de capital accumulé par l'homme et sa valeur économique n'ont été aussi importants. Et jamais ils n'ont été aussi élevés dans les lieux les plus menacés par les conséquences du changement climatique : capital productif, équipements collectifs, installations touristiques, immobilier résidentiel ou de bureau en zones potentielles d'inondation ou de submersion marine ; terres agricoles et forêts dans des régions menacées d'aridification et désertification ; stations de ski de moyenne montagne dont l'enneigement diminue, etc. Les pertes potentielles sont donc très importantes quelle que soit l'origine du changement climatique. Les dommages dus aux catastrophes naturelles sont passés, en moyenne, de 50 milliards de dollars par an au cours des années 1980 à un peu moins de 200 milliards de dollars par an durant la dernière décennie. Pour l'année 2010, les pertes uniquement provoquées par les événements climatiques extrêmes étaient estimées à 121 milliards de dollars sur un total de 218 milliards de dollars dus aux catastrophes d'origines naturelle et humaine[18]. Entre 1980 et 2012, 87 % des catastrophes naturelles et 74 % des dommages économiques en résultant (soit 2800 milliards de dollars sur 3 800) ont été générés par des événements climatiques extrêmes[19]. Cela ne revient pas à affirmer en soi que le changement climatique est la cause de l'augmentation de ces coûts[20]. Mais s'adapter à tout ou une partie de ses conséquences probables constituerait, quoi qu'il en soit, une démarche préventive et une saine politique de gestion des risques.

Beaucoup de mesures d'adaptation constituent, en fait, des mesures d'intégration de considérations climatiques dans les politiques sectorielles. Dans le domaine de l'urbanisme, cela peut consister à anticiper les effets du changement climatique dans les documents d'urbanisme au moment de leur révision (nouvelles zones menacées de submersion marine ou de sécheresse accrue donc de feux de forêt ou de glissements de terrain suite à la fonte des glaciers, etc.), à les modifier et à délivrer les permis de construire en conséquence. Nombre de ces mesures peuvent donc s'insérer de façon progressive dans les politiques, plans et programmes, parfois sans coût additionnel ou à coût modéré. Pour l'écrire autrement, l'adaptation ne peut – encore moins que l'atténuation – se résumer à une politique sectorielle adjacente à d'autres. Elle repose sur l'intégration de ses objectifs et de ses mesures dans tous les secteurs et politiques publiques.

L'adaptation possède une autre caractéristique importante. Elle est parfaitement conforme aux missions de sécurité publique d'un État envers ses citoyens et dans la droite ligne de celles-ci. Elle s'apparente à une politique de prévention des risques. Le risque étant connu à l'avance, s'y adapter consiste à prendre les

---

18 Swiss Re, *Natural Catastrophes and Man-Made Disasters in 2010: a Year of Devastating and Costly Events*, *sigma*, n° 1, 2011, www.swissre.com/sigma

19 World Bank, *Building Resilience: Integrating Climate and Disaster Risk into Development*, World Bank, 2013.

20 Ils semblent davantage dus à l'augmentation de la population et de la valeur des biens exposés, voire à la dégradation de certains milieux naturels qui pouvaient atténuer certains impacts.

mesures de prévention possibles. Ce n'est pas tout à fait le cas des mesures d'atténuation. Le changement climatique étant un phénomène global, non seulement la réduction des émissions de GES nationales ne permettra pas de résoudre le risque qui en découle, ni peut-être même de l'atténuer, mais elle ne bénéficiera pas principalement, voire pas du tout, aux habitants de la puissance publique qui prend ces mesures. Ils demeureront toujours autant exposés aux risques découlant du changement climatique et l'État n'aura donc pas véritablement accompli son devoir de protection de ses citoyens contre les risques qu'il lui reviendra, de toute façon, d'assumer par la suite. En outre, diverses études montrent que l'on trouve une proportion plus importante de populations défavorisées dans les zones à risques[21]. Une politique d'adaptation au changement climatique contribuerait donc davantage à la prise en compte des inégalités sociales sur le plan national qu'une politique d'atténuation.

Bien sûr, cette vision pourrait être critiquée pour être teintée d'égoïsme national et négliger l'équité envers les PVD. Comme on l'a vu, les PVD considèrent que les pays développés doivent financer une grande partie de leurs politiques climatiques.

---

21 Voir, par exemple, Commission des comptes et de l'économie de l'environnement, *Aspects sociaux des politiques environnementales*, La Documentation française, 2008 ; Augustinus de Hollander, Brigit Staatsen, « Health, Environment and Quality of Life: an Epidemiological Perspective on Urban Development », *Landscape and Urban Planning*, vol. 62, n° 1-2, 2003 ; Francisco Forastiere *et al.*, « Socioeconomic Status, Particulate Air Pollution, and Daily Mortality: Differential Exposure or Differential Susceptibility », *American Journal of Industrial Medecine*, vol. 50, n° 3, 2007 ; European Commission, *Addressing the Social Dimensions of Environmental Policy: a Study on the Linkages between Environmental and Social Sustainability in Europe*, European Commission, 2008 ; Michael Marmot *et al.*, *Fair Society, Healthy Lives, The Marmot Review, Strategic Review of Health Inequalities in England post-2010*, UCL, 2010 ; Umweltbundesamt (UBA), *What Matters 2011*, Annual Report of the Federal Environment Agency, 2011.

Mais, précisément, rien ne dit que les pays développés doivent financer dans les PVD les politiques d'atténuation plutôt que les politiques d'adaptation ou à leur détriment. Au contraire, la CCNUCC et le protocole de Kyoto prévoient bien qu'ils doivent financer les deux. Or, aujourd'hui, si l'aide au développement intègre de plus en plus le changement climatique, elle privilégie nettement l'atténuation. Les deux y sont pourtant nécessaires.

Si la part des PVD progresse, à l'avenir, dans le total des émissions des GES, il est naturellement souhaitable de tenter d'atténuer cet accroissement. Mais la part des politiques d'adaptation y apparaît aujourd'hui peut-être trop faible par rapport aux politiques d'atténuation. En 2010, elles représentaient 65 % de l'aide bilatérale au développement liée au climat des pays de l'OCDE contre 34 % seulement pour l'adaptation. En 2011, les proportions étaient de 64 % contre 35 %[22]. En 2012, elles étaient, respectivement, de 60 % et 39 %. Sur la période 2008-2012, l'APD privilégie donc l'atténuation sur l'adaptation. Mais cet écart est bien plus marqué en France.

Si les pays de l'OCDE consacrent, en moyenne, 55 % de plus à l'atténuation du changement climatique qu'à l'adaptation, la France y consacre 520 % de plus en 2012 (voir tableau 7). Comme pour celui existant entre la biodiversité et le changement climatique au sein de l'APD française, cet écart semble résulter d'un choix politique assumé. En effet, les engagements de la France liés au changement climatique sur la période 2010-2012 s'élèvent à 24 % de l'APD pour l'atténuation. Ils sont de 4 %, seulement, pour l'adaptation, alors que ceux de certains pays s'élèvent à 19 % ou 17 %. Ses engagements la placent au troisième rang des pays de l'OCDE en matière d'atténuation, mais en queue de peloton (vingt-et-unième place) pour l'adaptation[23].

---

22 OECD, *DAC Statistics*, *op. cit.* ; *Putting Green Growth at the Heart of Development*, *op. cit.*

23 OECD, *DAC Statistics*, *op. cit.*

Tableau 7 : Atténuation versus adaptation dans l'aide publique au développement en 2012*

APD bilatérale liée au changement climatique	Atténuation	Adaptation	Écart
CAD (OCDE)	15,6 milliards de dollars	10,1 milliards de dollars	+ 55 %
Part liée au changement climatique dans l'APD	60 %	39 %	
France	3,2 milliards de dollars	618 millions de dollars	+ 520 %
Part liée au changement climatique dans l'APD	84 %	16 %	

* Tableau constitué par l'auteur d'après les données du CAD de l'OCDE. (Les projets mixtes atténuation/adaptation ont été inclus ; le total est donc légèrement supérieur au chiffre figurant dans le tableau 1.)

Comme on l'a montré, certaines politiques d'atténuation peuvent entraîner des inconvénients, notamment environnementaux. Elles peuvent aussi engendrer des désavantages en termes de développement des PVD ou de situation économique et sociale de leurs populations. Ainsi, les incitations mises en place en faveur des biocarburants ont contribué à l'augmentation des prix alimentaires en 2007, dégradant la situation des pays importateurs nets d'aliments et des ménages pauvres des PVD dont une grande proportion du revenu est consacrée à l'alimentation[24].

À l'inverse, les politiques d'adaptation permettent aussi d'éviter de grandes pertes potentielles de vies humaines, économiques et de bien-être. Par exemple, au plan mondial, à horizon 2060,

24 FAO, *The State of Food Insecurity in the Word: High Food Prices and Food Security: Threats and Opportunities*, FAO, 2008 ; *The State of Food and Agriculture 2008 – Biofuels: Prospects, Risks, and Opportunities*, FAO, 2008.

le coût des impacts du changement climatique pourrait être réduit de 700 à 900 milliards de dollars par an si des mesures d'adaptation étaient prises[25].

En outre, les approches d'adaptation centrées sur les écosystèmes présentent généralement un bon rapport coût-efficacité[26]. Elles participent de la préservation du capital naturel et sont de ce fait assez bien adaptées aux PVD qui disposent d'une biodiversité riche dont le maintien et la résilience constituent un atout pour leur développement. En Éthiopie, les bénéfices d'une politique d'adaptation seraient cinq à treize fois supérieurs à leurs coûts et pourraient réduire de moitié les pertes dues au changement climatique[27]. Au Vietnam, l'adaptation permettrait de diminuer d'un montant représentant 1,3 % à 1,6 % du PIB les pertes économiques dues au changement climatique[28].

Si l'on exclut les pays émergents, la plupart des PVD (et notamment, les PMA) ne figurent pas, aujourd'hui, parmi les plus gros émetteurs de GES. Dès lors, le financement d'actions d'atténuation dans ces pays, s'il est utile, n'aura probablement pas un effet déterminant sur le volume mondial d'émissions de GES, au moins à court et moyen terme. En outre, les populations de ces pays (notamment les plus pauvres d'entre elles) étant exposées à des risques importants découlant du changement climatique, le financement de l'adaptation y semble plus pertinent que celui de l'atténuation de leurs faibles émissions. Il correspondrait peut-être aussi davantage à une conception bien comprise de l'équité Nord-Sud.

---

25 Chris Hope, « The Costs and Benefits of Adaptation » *in* M. Parry *et al., op. cit.*

26 Commission européenne, *Stratégie de l'UE relative à l'adaptation au changement climatique*, COM(2013) 216 final, 16 avril 2013.

27 World Bank, *Ethiopia: Economics of Adaptation to Climate Change*, World Bank, 2010.

28 World Bank, *Vietnam: Economics of Adaptation to Climate Change*, World Bank, 2010.

CHAPITRE 8

Des politiques publiques demeurant contradictoires avec la politique climatique

De nombreuses politiques publiques, dans leur orientation générale et/ou certaines de leurs dispositions concrètes, demeurent contraires à une stratégie de lutte contre le changement climatique. La politique climatique française n'est pas parvenue, jusqu'ici, à résoudre ou surmonter ces contradictions, et ne paraît pas sur le point d'y parvenir. De nouvelles mesures, annoncées périodiquement, semblent favoriser les émissions de GES, plus que les réduire. Les exemples ci-après, issus de trois domaines de politiques « horizontales », illustrent cette situation.

Les contradictions avec la politique sociale

Les contradictions entre politiques climatique et sociale mettent en relief un exemple typique d'affrontement entre les dimensions intragénérationnelle et intergénérationnelle de l'équité.

Beaucoup de gouvernements, de toutes tendances et de tous types de pays, prennent ou sont tentés de prendre des mesures pour diminuer le coût de l'énergie, de façon globale ou pour les catégories modestes. Celle-ci constitue en effet un poste de dépense plus important, en termes relatifs, dans le revenu des ménages défavorisés que dans celui des foyers aisés. Mais si ces dispositifs se traduisent par une consommation accrue d'énergies fossiles, ils entraîneront une augmentation des émissions de GES laquelle, étant donnée la rémanence de ces gaz, engendrera des conséquences sur les générations futures. Au sein de celles-ci, ce sont les plus démunies qui seront davantage touchées puisqu'elles auront moins les moyens d'échapper aux conséquences du changement climatique. Le débat n'est donc pas seulement un débat en termes d'équité intragénérationnelle, ni seulement en termes d'équité intergénérationnelle, ni même en termes d'équité intragénérationnelle *versus* équité intergénérationnelle. Il se pose aussi en termes d'équité entre les fractions modestes des générations présentes et les fractions modestes des générations futures. Or, beaucoup de gouvernements sont tentés d'arbitrer en faveur des catégories défavorisées des générations présentes, soit par désir d'améliorer leur situation, soit en raison du temps court du cycle électoral et politique par rapport au cycle climatique, puisque ces catégories constituent des électeurs potentiels, pour eux, à la différence des catégories démunies des générations futures. Ce faisant, ils privilégient l'équité intragénérationnelle sur l'équité intergénérationnelle.

D'un point de vue environnemental, la diminution du coût des énergies fossiles risque d'entraîner des conséquences négatives.

Sur le strict plan de l'équité, une modération des prix de l'énergie pour les catégories défavorisées des générations présentes paraîtrait justifiée si le niveau de vie progresse et que les fractions modestes des générations futures sont plus riches. En ce cas, on peut considérer qu'il n'y a pas de raison de pénaliser les catégories modestes d'aujourd'hui par rapport à celles de demain si ces dernières le sont moins que les premières. En outre, les fractions modestes des générations futures, si elles sont plus riches que celles des générations présentes, auront davantage le moyen de participer aux efforts d'atténuation du changement climatique et de se protéger contre ses effets.

Naturellement, le changement climatique étant un phénomène mondial, il conviendrait, en termes d'équité, de comparer la situation des catégories modestes aujourd'hui aidées par une diminution des prix de l'énergie, dans un pays donné, à celle des catégories modestes des générations futures dans des pays différents. Par exemple, si le gouvernement d'un pays riche souhaite diminuer les prix des énergies fossiles pour la partie défavorisée de sa population nationale, celle-ci l'est-elle davantage que ne le seront les catégories démunies des générations futures des pays pauvres à la fin du siècle ?

À l'inverse, la taxation de l'énergie n'est pas forcément contraire à l'équité intragénérationnelle. Il est possible de corriger ses éventuels effets régressifs par deux types de dispositions. Les mesures d'atténuation *ex ante*, dans la conception même de la taxe, allègent la pression de la taxe sur des groupes spécifiques (taux réduit, non-perception, tranche à taux zéro, taux progressif par tranches). Les mesures compensatoires, applicables *ex post*, ne modifient ni la structure de la taxe, ni son taux. Elles consistent, par exemple, à redistribuer tout ou partie des recettes des taxes énergétiques aux catégories socioprofessionnelles pour lesquelles la nouvelle taxe risque d'être, en termes relatifs, la plus coûteuse, notamment par des crédits d'impôts, des baisses d'impôt sur le revenu ou une participation forfaitaire à la première tranche de la facture énergétique. Les premières, contrairement aux secondes, réduisent l'efficacité environnementale des taxes. En effet, du point de vue de l'environnement, il apparaît préférable de ne pas exonérer d'emblée certaines catégories socioprofessionnelles de la taxation afin de préserver le signal prix qu'elle constitue. La compenser en tout ou partie *via* une somme forfaitaire ou des mesures ciblées permet, tout à la fois, de conserver l'incitation environnementale à faire évoluer les comportements et d'éviter ses conséquences sociales trop abruptes.

En France, dans le domaine de l'énergie, plusieurs mesures ont été prises ou sont conservées pour des raisons sociales. On peut notamment citer les taux réduits de taxation de certains produits pétroliers, les tarifs sociaux du gaz et de l'électricité et leur extension dans la loi Brottes en 2013, la gratuité de ces énergies pour certaines catégories de personnes, la baisse temporaire de la TICPE sur les carburants en 2012, la création d'un chèque énergie étendu au fioul dans la LTE, etc. Toutes ces dispositions entravent plus ou moins la transmission du signal prix et peuvent freiner les comportements et travaux d'économies d'énergie. Elles n'incitent pas à la réduction des émissions de GES. Ce faisant, si elles correspondent à une dimension intragénérationnelle de l'équité, elles vont à l'encontre de l'équité intergénérationnelle. La France a donc plutôt privilégié, jusqu'ici, les dispositifs d'atténuation sur les mesures de compensation. Par la même, elle complexifie la conjugaison des politiques sociale et climatique et accentue leur discordance.

Une politique tarifaire n'incitant pas à la maîtrise des émissions de CO_2 ni aux économies d'énergie

Les tarifs réglementés sont trop bas pour couvrir les coûts. Ils freinent la transmission d'un signal prix incitant à la maîtrise de la consommation, notamment en période de pointe. Ils n'incitent pas aux investissements ni à l'émergence de nouveaux acteurs proposant des offres innovantes sur le marché. Leurs coûts finissent par se répercuter sur les fournisseurs d'énergie, sur les finances publiques ou sur les consommateurs n'en bénéficiant pas. La part du marché toujours soumise à ces tarifs demeure importante.

Ces tarifs continuent à évoluer hors d'une logique économique. Si l'on prend l'exemple du gaz, sa formule d'évolution tarifaire et l'obligation de répercuter la hausse des coûts d'approvisionnement auraient dû entraîner une augmentation des tarifs en juillet et en septembre 2011. Le gouvernement s'y est opposé et a décidé de geler le prix du gaz au 1er octobre. La Commission de régulation de l'énergie (CRE) a rendu un avis défavorable sur le sujet. Saisi par GDF Suez (désormais Engie) qui estimait son manque à gagner entre 260 et 400 millions d'euros, le Conseil d'État a annulé le gel tarifaire décidé par le gouvernement. Une hausse de 4,4 % est finalement entrée en vigueur au 1er janvier 2012, alors que le respect de la formule tarifaire d'évolution des prix du gaz aurait dû provoquer une hausse située entre 8,8 % et 10 % en septembre 2011. Le refus de répercuter la hausse des coûts d'approvisionnement et d'appliquer la formule tarifaire s'est renouvelé sous le gouvernement suivant, entraînant de nouvelles annulations par le Conseil d'État. Les gouvernements Ayrault puis Valls ont chacun modifié la formule d'évolution tarifaire. Le yoyo n'en a pas moins perduré.

En janvier 2015, la SNCF augmente ses tarifs de 2,6 %, EDF de 2,5 %, avant une nouvelle progression de 2,5 % en août et après une hausse de 1,9 % en novembre 2014, et la CSPE passe de 13,5 à 15,5 euros/MWh, soit + 18 %. Puis, en avril 2015, le gouvernement gèle le prix des péages des autoroutes pour l'année. Dans le même temps, il instaure l'éligibilité du fioul au chèque énergie dans la LTE. Autrement dit, les pouvoirs publics avalisent la hausse des prix des transports et de l'énergie décarbonés mais tentent de freiner celle des transports carbonés et de diminuer le coût des énergies fossiles. Cela se produit alors que l'inflation est nulle et au moment même où les cours du pétrole sont historiquement bas et déclinent.

Des signaux en sens contraire sont aussi envoyés qui viennent invalider certaines mesures favorables à la politique climatique. Ainsi en est-il de la baisse de 3 centimes par litre de la TICPE sur les carburants, décidée à l'automne 2012, qui coûte 400 millions d'euros au budget de l'État, contradictoire avec l'augmentation des primes à l'achat des « véhicules propres » annoncée quelques semaines plus tôt[1]. Il en est de même pour les reculs sur le financement des transports collectifs en site propre (TCSP) urbains ou sur la taxe nationale sur les véhicules de transport de marchandises.

Une politique budgétaire et fiscale toujours favorable aux énergies fossiles

La fiscalité et l'intervention économique de l'État sont deux instruments essentiels de l'action publique. Ils peuvent s'appliquer à tous les domaines. Pourtant, la politique climatique ne paraît guère être parvenue, jusqu'ici, à véritablement mobiliser les outils fiscaux et économiques. Au contraire, dans certains cas, les politiques conduites en matière fiscale et budgétaire semblent contradictoires avec la politique climatique, au point de l'entraver.

On observe, à la fois, la persistance de soutiens publics importants aux énergies fossiles, une fiscalité énergétique inférieure à celle des pays voisins et une taxation des énergies fossiles en baisse et qui n'incite pas à l'atténuation des émissions de CO_2.

Des soutiens publics aux énergies fossiles supérieurs à ceux consacrés à la politique climatique

Les énergies fossiles continuent d'être soutenues, en France, par nombre de subventions publiques et dépenses fiscales. Elles constituent autant d'incitations aux émissions de CO_2. Au-delà de ces inconvénients environnementaux, ces subventions entraînent également des conséquences économiques négatives : soutien aux importations de produits pétroliers et donc au déficit de la balance commerciale, frein à l'efficience énergétique et à la rentabilité des ENR, pertes de recettes pour l'État, dépenses de santé publique, etc.

1 DGEC, *La fiscalité de l'énergie*, 2014.

Malgré la mise en évidence de ces différentes conséquences, un effort graduel de diminution du maintien ou de modification de la forme de ces soutiens publics ne semble pas réellement entrepris. Le président de la République s'est engagé, à plusieurs reprises, en 2014, sur un objectif de 50 milliards d'euros d'économies de dépenses publiques d'ici 2017. Il aurait été possible d'annoncer, dans ce cadre, qu'une partie serait constituée de diminutions de subventions aux énergies fossiles, engendrant ainsi un sextuple dividende : environnemental, de santé publique, de dépenses publiques, de balance commerciale, d'efficience énergétique, de diminution de la dépendance énergétique.

Les soutiens publics directs et indirects aux énergies fossiles ont pu être évalués, au sens large, mais de façon probablement non exhaustive, à 11 milliards d'euros[2], en 2010, auxquels s'ajoutent des dépenses fiscales pour un montant d'environ 25,6 milliards d'euros en 2014.

En ce qui concerne les subventions, la part la plus importante est représentée par les transports dépendant en totalité ou en grande majorité des énergies fossiles. Les soutiens publics à la recherche sur les énergies fossiles demeurent importants. Si l'on y ajoute les soutiens à la recherche sur les transports en dépendant, le total dépasse le montant consacré à l'efficacité énergétique ou aux ENR.

Parmi les dépenses fiscales favorisant les énergies fossiles, on peut notamment citer l'exonération de TICPE pour la consommation des avions commerciaux (3,5 milliards d'euros), de certains bateaux (140 millions d'euros), des établissements de production énergétique (105 millions d'euros), les taux réduits dont bénéficient le gazole (8,6 milliards d'euros), le gazole routier (380 millions d'euros) ou le fioul domestique (8,8 milliards d'euros). Or, outre leur effet environnemental, ces dépenses fiscales

2 Guillaume Sainteny, *Plaidoyer pour l'écofiscalité*, Buchet-Chastel, 2012. L'approche utilisée pour cette évaluation est plus large que celle utilisée par l'AIE ou le FMI.

figurent parmi celles considérées comme les plus inefficaces[3]. De même, les modalités de la fiscalité des véhicules de société n'incitent ni aux modes de transport alternatifs, ni à modérer le kilométrage pour usage personnel. Elles constituent une dépense fiscale de plus de 5,1 milliards d'euros, représentant un soutien annuel de plus de 2 000 euros par véhicule, ce qui est supérieur à la moyenne des pays de l'OCDE[4]. Pourtant, les dépenses fiscales favorisant les énergies fossiles continuent à croître : entre 2010 et 2014, leur montant a progressé de 22,5 à 25,6 milliards d'euros.

Le DPT, annexé au projet de loi de finances, consacré à la « lutte contre le réchauffement climatique » présente l'effort financier dédié par l'État à la politique transversale en question et les principales dépenses fiscales y concourant. Il estime les dépenses budgétaires, pour 2015, à 2,07 milliards d'euros en autorisations d'engagement et les dépenses fiscales à 1,46 milliard d'euros, soit un total de 3,53 milliards d'euros. Il faut noter que ces dépenses sont en forte baisse par rapport à 2010 (9,95 milliards d'euros). En outre, plusieurs dépenses incluses dans ce total ne présentent qu'un rapport discutable avec la maîtrise du changement climatique, lui préexistaient, sont principalement motivées par d'autres objectifs de politique publique ou possèdent un effet mixte. De plus, les dépenses fiscales comptabilisées sont surévaluées car le DPT prend en compte la totalité du montant de chacune de celles « ayant un impact significatif en termes de lutte contre le changement climatique » et non sa part climat comme cela est le cas pour les dépenses budgétaires. À l'inverse, le DPT rappelle, à juste titre, que les dépenses contribuant à la politique climatique de l'État ne se limitent pas à celles qu'il retient. Par exemple, plus de 500 millions d'euros par an ont été engagés, entre 2012 et 2014, au titre de programmes des Investissements d'Avenir, dans les

3 Comité d'évaluation des dépenses fiscales et des niches sociales, *Rapport du Comité d'évaluation des dépenses fiscales et des niches sociales*, 2011.

4 Michelle Harding, *Personal Tax Treatment of Company Cars and Commuting Expenses: Estimating Fiscal and Environmental Costs*, OECD Taxation Working Papers, n° 20, OECD, 2014.

projets contribuant à la politique climatique. Un nouveau programme des Investissements d'Avenir, cité par la loi de finances de 2014 et doté de 12 milliards d'euros, pourrait contribuer à la politique climatique pour des montants importants[5].

Dans tous les cas, même si l'on prend les montants totaux et larges fournis par le DPT, on demeure en dessous de 10 milliards d'euros, alors que les soutiens publics aux énergies fossiles dépassent 30 milliards d'euros. Les dépenses publiques qui favorisent l'effet de serre semblent donc très supérieures (dans un rapport de trois à un) aux financements publics consacrés à la politique climatique.

Une fiscalité énergétique inférieure à celle des pays européens

La fiscalité française sur l'énergie est l'une des plus faibles de l'UE : en 2013, 1,6 % du PIB (21e rang sur 28) et 3,5 % des recettes fiscales et sociales (28e rang sur 28), contre 1,9 % et 4,8 % pour la moyenne de l'UE. Le taux implicite de taxation par unité finale d'énergie consommée est inférieur en France au taux moyen pour les pays de l'UE : en 2012, respectivement 161,6 euros par tonne équivalent pétrole (tep) pour la France, 173,7 pour l'UE, 168,7 pour la zone euro. Il est, par exemple, de 303,6 au Danemark, 276,3 au Royaume-Uni, 233,4 en Italie, 216,9 en Suède, 185,3 en Allemagne et 180,2 aux Pays-Bas[6].

Tendanciellement, l'écart entre la fiscalité énergétique française et celle de ses partenaires de l'UE s'accroît. Alors qu'à la fin des années 1990, les ratios recettes des taxes sur l'énergie sur PIB ou recettes des taxes sur l'énergie sur prélèvements obligatoires étaient assez proches des taux moyens de l'UE, ils s'en éloignent sensiblement depuis une quinzaine d'années (voir tableau 8).

---

5 République française, *Lutte contre le changement climatique*, *op. cit.*

6 Eurostat, *Taxation trends in the European Union, 2014 edition*, European Union, 2014 ; *Eurostat database*,ec.europa.eu/eueurostat/dat/database

Tableau 8 : Comparaison de la taxation de l'énergie dans l'UE et en France*

En pourcentage du PIB

	France	UE	Différence
1995	1,94 %	2,1 %	− 0,16 %
2013	1,6 %	1,84 %	− 0,24 %
Différence	− 0,34 %	− 0,26 %	

En pourcentage des prélèvements obligatoires

	France	UE	Différence
1995	4,54 %	5,33 %	−0,8 %
2013	3,53 %	4,74 %	− 1,2 %
Différence	− 1 %	− 0,6 %	

* Tableau constitué par l'auteur à partir des données Eurostat.

Le taux implicite de taxation de l'énergie, qui, en 1995, était nettement supérieur en France (177,6 euros/tep) au taux moyen dans l'UE (159,6), lui est devenu inférieur en 2012.

Une baisse tendancielle de la fiscalité sur les énergies fossiles

Contrairement à ce que l'on pourrait penser et à ce qui se dit souvent, la fiscalité de l'énergie diminue en France depuis une vingtaine d'années en euros constants, les taux des taxes progressant moins vite que l'inflation. Entre 1995 et 2013, le produit des taxes sur l'énergie baisse de 1,9 % à 1,6 % du PIB et de 4,5 % à 3,5 % de l'ensemble des recettes fiscales et sociales. Le taux implicite de taxation de l'énergie consommée décline en France entre 2000 et 2012, alors qu'il augmente en moyenne dans les pays de l'UE[7].

Cette évolution, contraire à celle d'un signal prix progressivement ascendant qui pourrait, comme tel, être anticipé par les agents économiques, freine les procédés d'efficience énergétique pour les industriels, les travaux et équipements d'économie d'énergie pour les ménages et la rentabilité des ENR.

La baisse de la fiscalité sur la possession de véhicules automobiles n'a pas été compensée par une hausse de la fiscalité sur leur usage[8]. De fait, les taxes à l'acquisition (passage de la TVA de 33 % au taux normal en 1986) et à la possession (quasi-suppression de la vignette) d'une automobile ont diminué en France alors que la fiscalité sur l'usage n'a pas augmenté. À moyen terme, si l'on rappelle la multiplication des exonérations, le recours croissant au gazole (moins taxé) par rapport à l'essence, le fait que la TICPE n'est pas indexée sur l'inflation, on constate que la fiscalité par litre de carburant n'a pas augmenté depuis les années 1960, en euros constants.

La stagnation voire la diminution de la fiscalité sur l'énergie constitue un paradoxe dans une perspective de politique climatique. Mais un second paradoxe, plus troublant encore, se niche dans le premier. Les statistiques sur les recettes de la fiscalité énergétique diffèrent légèrement selon les sources, INSEE ou Eurostat. Légèrement supérieur à 26 milliards d'euros en 2000, le montant total stagne à un peu plus de 28 milliards d'euros durant la seconde partie des années 2000, puis atteint 29,8 milliards d'euros en 2010, 31,1 milliards d'euros en 2011, 31,5 milliards d'euros en 2012 et près de 33,8 milliards d'euros en 2013. Cela constitue une progression de plus de 4 milliards d'euros en 2012 et de près de 8 milliards d'euros en 2013, par rapport à 2000[9].

7 Eurostat, *Taxation trends, op. cit.*

8 OCDE, *Examen des performances environnementales de la France*, OCDE, 2005.

9 Eurostat, *Eurostat database, op. cit.* ; CGDD, « Les recettes fiscales environnementales en 2012 », *Chiffres et statistiques*, n° 466, novembre 2013.

Toutefois, un examen plus attentif montre qu'entre 2000 et 2012, les recettes de la TICPE restent stables en euros courants (de 23,4 milliards d'euros à 23,5 milliards d'euros), ce qui signifie un déclin en euros constants. En termes relatifs, elles passent de 3,7 % à 2,6 % des prélèvements obligatoires, de 1,5 % à 1,2 % du PIB et de 71,8 % à 58,2 % du produit des taxes environnementales. Cela revient à dire qu'elles progressent nettement moins vite que le PIB, que les prélèvements obligatoires et que les produits énergétiques auxquels elle s'applique sont de moins en moins taxés.

Pourtant, à partir de 2010, les recettes de l'ensemble des taxes sur l'énergie croissent à nouveau (+ 5,7 % en 2010, + 4,4 % en 2011, + 1,9 % en 2012). Cela résulte de la mise en place d'un nouvel impôt : l'imposition forfaitaire sur les entreprises de réseau (IFER) et de la hausse rapide de la CSPE dont le revenu progresse de 1,9 milliard en 2010 à 5,1 milliards en 2013. L'augmentation du produit des taxes sur l'énergie et la fin de leur déclin résultent donc de ces deux recettes et non de la TICPE. Le paradoxe vient de ce que ces deux taxes sont assises sur la production, la distribution et la consommation d'une électricité décarbonée à plus de 90 %[10]. Ainsi, l'énergie carbonée est de moins en moins taxée en France, tandis que l'électricité décarbonée l'est de plus en plus. Une politique fiscale articulée avec la politique climatique nécessiterait probablement l'inverse.

Une fiscalité n'incitant pas à la modération des émissions de CO_2

La plupart des taxes sur l'énergie existant en France n'ont pas été conçues pour être incitatives. Elles l'ont été avec un objectif de rendement budgétaire. Il en est ainsi, notamment, de la

10 La CSPE est due par tous les consommateurs finaux d'électricité au prorata des kWh consommés, y compris les auto-producteurs. L'IFER comprend neuf composantes dont les éoliennes et hydroliennes, les centrales nucléaires, les centrales électriques d'origine photovoltaïque ou hydraulique, le matériel roulant ferroviaire pour le transport de voyageurs, le matériel roulant pour le transport de voyageurs en Île-de-France, les transformateurs électriques, etc.

principale d'entre elles, la TICPE, créée en 1928, à une époque où les considérations d'internalisation environnementale pesaient peu. Depuis près d'un siècle, ces taxes n'ont guère été remodelées en fonction de ces dernières. Les taxes sur l'énergie ne sont donc pas internalisantes.

En France, la production, transmission, transformation, et utilisation de l'énergie (au sens large, c'est-à-dire en incluant la consommation des différents secteurs), outre d'autres polluants, génèrent 75 % des émissions de CO_2 et plus de 70 % des émissions de GES.

Lorsqu'un produit (les énergies fossiles) et les activités en dépendant (notamment les transports) concourent conjointement à une telle proportion d'émissions de CO_2, l'absence d'internalisation voire, plus simplement, de signal prix approprié, constitue un problème réel. Cette absence pose une seconde difficulté mais à l'intérieur du secteur lui-même, du fait de l'absence de prise en compte des différentiels d'externalités dans la taxation des produits. En effet, les écarts de taxation entre certains types de carburants et de combustibles ne sont guère justifiés. Le tableau 9 met en évidence les disparités de TICPE selon les produits. Les écarts vont de 0 à plus de 60 sans qu'un différentiel d'externalités les justifie. On a indiqué, en regard, le contenu en CO_2. En négligeant, par hypothèse, les autres externalités négatives et en s'attachant à la seule teneur en CO_2 des différents carburants, on constate que des produits émettant plus de CO_2 que d'autres sont nettement moins taxés. La structure de taxation des produits énergétiques n'incite donc pas à économiser les plus émetteurs de CO_2 et à privilégier les moins émetteurs. Autre exemple, la politique conduite en matière de TVA semble contradictoire avec la politique climatique. La TVA sur l'électricité et l'essence utilisées par les véhicules hybrides n'est pas déductible, alors que celle sur le gazole l'est. Le taux de TVA sur les transports en commun, économes en GES, passe de 7 à 10 % en 2014.

Tableau 9 : Fiscalité comparée des produits énergétiques en France (2015)

PRODUIT	UNITÉ	TICPE €/unité	CONTENU ÉNERGÉTIQUE (PC*) GJ/unité	TAXATION ÉNERGIE €/GJ	FACTEUR D'ÉMISSION t CO_2/unité	TAXATION CO_2 €/t CO_2
Super carburant sans plomb	hl	62,41	3,20	19,49	0,24	260
Gazole	hl	46,82	3,54	13,81	0,27	180,88
Kérosène	hl	0	3,47	0	0,25	0
GPL carburant	t	130	45,83	2,84	2,94	44,21
Fiouls lourds	t	5,3	40	1,13	3,12	14,51
Gaz naturel combustible	MWh	2,93	3,60	0,81	0,25	11,72
Fioul domestique	hl	7,64	3,54	2,16	0,27	28,29
Charbon	MWh	4,75	26	0,33	0,34	13,97

* Pouvoir calorifique inférieur

Toutes ces caractéristiques conduisent à une situation paradoxale. D'un côté, l'État fait de la lutte contre les émissions de GES son objectif environnemental principal et l'une de ses priorités nationales. De l'autre, il continue à subventionner massivement les émissions de GES par les aides publiques aux énergies fossiles.

D'un côté, l'État souhaite inciter au développement des énergies renouvelables. De l'autre, en conservant l'un des prix de l'électricité les plus bas en Europe, en étendant les tarifs sociaux, en ne hâtant pas la sortie des tarifs réglementés, il entrave la compétitivité des énergies renouvelables et retarde leur atteinte de la parité réseau.

D'un côté, l'État se fixe des objectifs très ambitieux (et probablement irréalistes) en matière de rénovation énergétique. De l'autre, en conservant des tarifs du gaz et de l'électricité bas et très inférieurs à la moyenne de l'UE, en étendant les tarifs sociaux, en ne hâtant pas la sortie des tarifs réglementés, il contribue à rendre moins rentables les rénovations énergétiques et donc à les ralentir.

D'un côté, il clame sa volonté de réduire à la fois sa dépendance énergétique et le déficit de sa balance commerciale. De l'autre, en continuant à subventionner les énergies fossiles, il contribue au maintien de cette dépendance, du déficit de la balance commerciale et de la place des énergies fossiles dans le mix.

D'un côté, l'État cherche à maîtriser sa dépense publique et annonce 50 milliards d'économies. De l'autre, au lieu de profiter de ce contexte et de cette « fenêtre de tir » pour réduire les subventions aux énergies fossiles et annoncer qu'au sein de ces 50 milliards, tel pourcentage sera constitué de diminutions de soutiens aux énergies fossiles et faire ainsi « d'une pierre deux coups », il crée, dans un premier temps, de nouvelles dépenses fiscales et subventions publiques pour soutenir les énergies renouvelables et les économies d'énergie, sans diminuer les subventions aux énergies fossiles, accroissant ainsi la totalité de ses charges publiques et, dans un second temps, il diminue les soutiens aux énergies renouvelables sans baisser ceux aux énergies fossiles.

L'État est-il stratège ou schizophrène ? On peut légitimement se demander si une politique de limitation graduelle et de refonte des subventions aux énergies fossiles ne permettrait pas, à la fois, de diminuer les dépenses publiques, les importations d'énergie, le déficit de la balance commerciale et d'inciter au développement des économies d'énergie et de certaines énergies renouvelables.

À travers ces trois exemples, on voit bien que l'enjeu du changement climatique n'a pas davantage été intégré dans les politiques horizontales que dans les politiques sectorielles évoquées précédemment. Au contraire, telles qu'elles sont conduites, elles semblent parfois constituer des freins à la politique climatique. Dans ces trois domaines, comme dans d'autres, les considérations de court terme priment sur celles de long terme, nécessaires aux politiques climatiques. Dans ces trois politiques, comme dans d'autres, les considérations d'équité intragénérationnelle l'emportent sur l'équité intergénérationnelle.

\ Contradictions et non-intégration

Une observation, du point de vue de l'environnement, de la politique climatique française conduit à risquer deux hypothèses.

D'une part, la France semble avoir privilégié les mesures les moins difficiles à mettre en œuvre politiquement et socialement plutôt que les moins coûteuses ou les plus efficaces.

Cela est vrai tant entre les secteurs (agriculture et transports relativement négligés par rapport à l'industrie et au bâtiment) qu'à l'intérieur des secteurs (concentration sur les émissions des locaux eux-mêmes plus que sur celles résultant de l'urbanisme au sein du secteur immobilier ; polarisation relative sur le CO_2 émis par le secteur agricole plus que sur le CH_4 et le N_2O pour le secteur agricole ; accent placé sur l'abaissement des émissions des véhicules, les biocarburants et la construction de nouvelles LGV plus que sur la réduction de la place du véhicule individuel par les PDU, le péage urbain ou d'autres mesures, le report modal sur le rail, au sein du secteur des transports).

Cela est vrai, également, en ce qui concerne les types de mesures. Ainsi, de nouvelles dépenses fiscales ou subventions ont été mises en place (CIDD, éco-PTZ, bonus-malus, super bonus, prime à la casse, tarifs de rachat, soutien aux biocarburants, etc.). Mais les subventions publiques et dépenses fiscales favorisant les énergies fossiles n'ont pas diminué. Les mesures les plus significatives ou les plus symboliques (péage urbain, taxe nationale sur les véhicules de transport de marchandises, circulation alternée, restrictions à la circulation automobile, etc.) n'ont pas été mises en œuvre ou l'ont été de façon atténuée et altérée.

D'autre part, cette politique climatique sert, parfois ou souvent, d'habillage « vert » aux soutiens à des filières industrielles en difficulté et/ou traditionnellement fortes en France : industrie automobile à travers le bonus-malus, la prime à la casse, le super bonus, la réforme de la TVS et de la taxe d'immatriculation, favorisant les petites et moyennes cylindrées, voire le Diesel, spécialités françaises ; biocarburants pour le secteur agricole ; « verdissement » des soutiens et des régimes fiscaux de l'investissement locatif et aides à la rénovation énergétique (CIDD, PTZ, éco-PTZ, BBC, THPE), pour le bâtiment ; chantiers de LGV, de TCSP intra-urbains, de voies d'eau pour le secteur des transports ; relance de l'hydroélectricité, voire défense du nucléaire pour le secteur de l'énergie, etc.

Un tel habillage « vert » n'est pas dommageable en soi. Vouloir soutenir la création, la consolidation, voire amplifier les appuis à des filières industrielles pouvant contribuer à la transition énergétique n'est en rien critiquable. Chercher à « verdir » des filières industrielles existantes, à les réorienter vers cette transition, à les faire participer au développement durable ne l'est pas davantage.

Mais le soutien à ces filières, sous couvert de politique climatique, pose au moins deux problèmes. D'une part, il semble bien plus se prêter à des mesures d'atténuation qu'à des mesures d'adaptation qui correspondent moins à des savoir-faire technologiques et industriels français.

D'autre part, la France a davantage inclus, dans sa politique d'atténuation, des dispositifs entraînant des impacts sur l'environnement que des mesures bénéfiques à l'environnement, au sens de celles qui pourraient à la fois contribuer à maîtriser les émissions de GES et à améliorer d'autres aspects de l'environnement.

Le lancement de plusieurs milliers de kilomètres de LGV, de nouvelles voies d'eau, le soutien aux biocarburants, la relance de l'hydroélectricité, les aides à l'immobilier neuf THPE ou BBC sans conditionnalité géographique, voire le développement des énergies renouvelables en certains lieux, etc., sont autant d'éléments pouvant dégrader la biodiversité, le paysage, voire la qualité de l'eau et dont, pourtant, la contribution à la réduction des émissions de GES de la France semble à la fois faible, à horizon lointain et coûteuse. À court et moyen terme, certains de ces éléments vont même accroître et non diminuer les émissions de GES et compliquer l'atteinte des objectifs du paquet énergie-climat pour 2020.

À l'inverse, on peut suggérer trois remarques de sens opposés, mais complémentaires.

D'abord, les mesures à double ou triple dividende environnemental ne semblent pas privilégiées. Par exemple, donner la priorité aux économies d'énergie sur l'équipement en énergies renouvelables permettrait, non seulement, de diminuer les émissions de CO_2 mais aussi les autres polluants atmosphériques émis par les énergies fossiles dont on a rappelé les effets négatifs et coûteux pour la santé humaine et les écosystèmes.

De même, l'accent placé sur les émissions unitaires de CO_2 des véhicules par toute une série de mécanismes réglementaires ou incitatifs ne permet guère de diminuer les polluants atmosphériques. Cette focalisation se fait également au détriment d'actions de réduction de la place du véhicule individuel en ville qu'ont pourtant entreprises nombre d'autres pays. Elle n'entraîne donc pas la réduction des autres inconvénients environnementaux des automobiles.

Dans le secteur de l'immobilier, concentrer les normes et les aides sur l'enveloppe thermique des logements ou locaux tertiaires, sans articulation avec les politiques d'urbanisme et de transports, conduit à ce que les émissions de CO_2 économisées grâce aux logements aux nouvelles normes énergétiques puissent être compensées par les émissions générées par des trajets plus longs. Cela favorise aussi l'étalement urbain, l'artificialisation des sols, le mitage des paysages, la congestion et le surplus de circulation de véhicules individuels.

Ensuite, jusqu'à présent, la politique climatique française n'a pas été véritablement intégrée aux autres politiques publiques sectorielles : elle a essentiellement tenté d'infléchir les politiques de l'énergie et du bâtiment, qui ne sont pourtant que les quatrième et cinquième secteurs émetteurs, et guère les autres.

Cela paraît vrai, par exemple, de la politique des transports comme de celles de l'aménagement du territoire, du tourisme, de l'agriculture, de la forêt, de l'utilisation des sols, du commerce extérieur, etc.

Plus la politique sectorielle concernée est éloignée du secteur de l'énergie et de son usage et/ou de la politique environnementale, moins les considérations liées au changement climatique y ont pénétré de façon profonde et structurelle. Elles s'y résument à des tentatives ou des mesures de réduction des émissions de CO_2, sans s'élargir à une redéfinition de la politique concernée en fonction du changement climatique, ce que supposerait, pourtant, une véritable intégration. Ainsi en est-il des politiques de la sécurité nationale et de la défense. Malgré la dispersion des territoires ultramarins de la France, la vulnérabilité climatique directe et indirecte (migrations) de certains d'entre eux et l'ampleur de la zone économique exclusive qui rend la France présente sur les principales mers du globe, la question climatique paraît se limiter, pour la défense nationale, à la réduction de son empreinte carbone[11].

À revers du principe cardinal d'intégration de l'environnement dans les politiques publiques, la politique climatique semble être devenue, elle-même, une politique sectorielle, adjacente à d'autres, au lieu d'infuser en elles, de les infléchir, de les remodeler.

11 Voir, par exemple, Bastien Alex, *La Défense face aux défis du dérèglement climatique*, Observatoire géopolitique de la durabilité, 2015.

CHAPITRE 9

Une autre politique climatique pour la France ?

De façon paradoxale, la politique climatique ne semble pas déterminante dans les bonnes performances de la France en matière d'émissions de GES, ni dans leurs évolutions récentes. Elles paraissent davantage dues à des tendances lourdes étrangères à cette politique et à des choix structurels effectués indépendamment d'elle et, pour beaucoup, avant sa mise en place. Cela conduit à considérer que cette politique, en elle-même, obtient des résultats mitigés.

Les résultats mitigés de la politique climatique

La France a respecté ses engagements liés au protocole de Kyoto. La crise de 2008 et ses conséquences ont pu y aider. Mais cet objectif aurait probablement été atteint en leur absence.

Ce constat peut cependant être nuancé sur plusieurs points. Tout d'abord, l'engagement français – une simple stabilisation des émissions pour la période 2008-2012 par rapport à 1990 – était modeste, plusieurs États ayant pris des engagements de réduction nette des émissions sur cette période.

Ensuite, dans le résidentiel-tertiaire, secteur pourtant considéré comme prioritaire par la France, les performances sont décevantes. Alors que, depuis 1990, les émissions de GES ont baissé dans l'UE de 10 % pour le tertiaire et 8 % pour le résidentiel, en France elles ont augmenté ou stagné de respectivement + 25 % et – 3 %, soit + 6 % pour l'ensemble. Dans les transports, le bilan apparait défavorable. Alors qu'il est déjà le premier contributeur, il s'agit du secteur dont les émissions augmentent le plus entre 1990 et 2013, même si l'on observe une décrue depuis 2005. L'intensité CO_2 par tonne/km du fret routier, qui avait diminué depuis le milieu des années 1990, remonte depuis 2008. Les émissions des véhicules utilitaires ont crû de 50 % entre 1990 et 2010. Les émissions d'hydrofluorocarbures (HFC), liées à la climatisation des véhicules, progressent fortement.

Si la baisse des émissions unitaires des véhicules neufs a été importante, les progrès sont beaucoup plus lents et plus modestes pour les émissions réelles du parc de véhicules particuliers (169 g CO_2/km en 2006, 161 g CO_2/km en 2012[1], pour un objectif de 120 g CO_2/km en 2020), notamment du fait de l'augmentation de son âge moyen.

La consommation énergétique des transports s'est accrue de 40,8 millions de tonnes équivalent pétrole (Mtep) à 49 Mtep entre 1990 et 2013 et la part relative des transports dans la consommation finale d'énergie a augmenté, passant entre ces deux dates de 29 à 32 %, preuve de progrès plus faibles que la moyenne en matière de sobriété énergétique. Alors que la loi Grenelle I fixe à ce secteur un objectif de réduction des émissions de GES de 20 % entre 2005 et 2020, les tendances récentes rendent hypothétique son atteinte. Entre 2005 et 2010, la réduction n'a été que de 5,6 %, malgré la diminution du trafic et le meilleur respect des limitations de vitesse, soit 0,82 % par an. Parvenir à l'objectif du Grenelle supposerait un rythme de 1,1 % par an.

1 CITEPA, *op. cit.*

Les objectifs de part modale du fret non routier avaient été fixés par la loi Grenelle I à 25 % en 2022, avec un objectif intermédiaire à 15,75 % en 2012. Or, loin de progresser, cette part a diminué de 14 % à 12,1 % entre 2005 et 2013. Le transport ferroviaire, qui accueillait encore 20,6 % du transport de marchandises en 1990, n'en représente plus que 9,7 % en 2013[2].

Certes, entre 1990 et 2012, le contenu en CO_2 du PIB a diminué d'un tiers, ce qui représente un découplage net entre la croissance et les émissions. Toutefois, en valeur absolue, les émissions de CO_2 comme de GES ont plutôt stagné ou légèrement progressé jusqu'en 2005, puis décliné ensuite. Si bien qu'entre 2005 et 2012 elles n'ont décru que d'un peu plus de 10 %[3].

Par ailleurs, l'empreinte carbone de la France, correspondant à la consommation sur le territoire, est sensiblement supérieure à ses émissions. En 2010, la France a émis 486 millions de tonnes éq CO_2, dont 130 millions de tonnes éq CO_2 associées aux exportations, et importé 366 millions de tonnes éq CO_2. Le solde du commerce extérieur (émissions associées aux importations – émissions associées aux exportations) représente donc 236 millions de tonnes, soit près de la moitié de ses émissions. L'empreinte carbone de la France est ainsi supérieure de 50 % à ses émissions sur son territoire. Par habitant, la différence est, en 2010, de 4 t éq CO_2 (7,7 t éq CO_2 émises mais 11,6 t éq CO_2 en empreinte).

Le changement climatique étant un phénomène global, la réduction des émissions nationales de GES (et plus encore de CO_2), déjà relativement basses, serait de peu d'intérêt si elle s'accompagnait d'une augmentation, dans des proportions analogues, des émissions de GES à l'étranger, correspondant à des importations. Or, c'est bien ce qui se produit. Les deux indicateurs n'évoluent pas conjointement. Alors que la France réduit ses émissions de GES, elle accroît (+ 11 % entre 1990 et 2010) son

2 MEDDE-CGDD, *Les Comptes des transports en 2013*, 51e rapport de la Commission des comptes des transports de la Nation, 2014.

3 CITEPA, *op. cit.*

empreinte GES[4], les émissions associées aux importations augmentant de 62 %. Les émissions nationales, qui ne représentaient déjà que 45 % de l'empreinte en 1990, poursuivent leur décrue relative, pour s'établir à 40 % en 2010.

Certes, du fait de la croissance démographique et du ralentissement de la demande intérieure, depuis 2008, les émissions par habitant calculées en empreinte restent stables, à 11,6 t éq CO_2 entre 1990 et 2010. Par ailleurs, même si l'empreinte carbone de la France augmente, sa part relative dans les émissions mondiales de GES diminue puisque celles-ci s'accroissent. Mais le fait que l'empreinte carbone de la France augmente témoigne tout de même des limites des politiques conduites.

En outre, si la productivité énergétique du PIB (PIB par unité d'énergie primaire) s'accroît depuis 2000, la France est moins bien classée pour cet indicateur que pour l'intensité d'émissions de GES par consommation d'énergie. Elle ne figure qu'au dixième rang au sein de l'UE en 2013 et se classe sous la moyenne de l'UE, ce qui suggère que l'efficacité énergétique peut encore sensiblement progresser[5]. En ce qui concerne l'intensité énergétique finale, alors que la loi POPE de 2005 avait fixé un objectif annuel de diminution de 2 % dès 2015 puis de 2,5 % d'ici 2030, celle-ci n'a atteint que – 1,3 % par an depuis 2005[6], rythme inférieur à celui de la moyenne de l'UE[7]. Quant à l'efficacité énergétique dans l'industrie qui, outre ses avantages environnementaux, peut contribuer à l'amélioration de la compétitivité coûts, elle ne croît en France (0,6 % par an) qu'à une vitesse moitié moindre de celle de la moyenne de l'UE (1,3 % par an) entre 2000 et 2012[8].

---

4 CGDD, *L'Empreinte carbone de la demande intérieure finale des Français*, www.statistiques.developpement-durable.gouv.fr ; MEDDE, *L'Environnement en France en 2015, op. cit.*

5 Eurostat. *Eurostat database, op. cit.*

6 CGDD, « Le bilan énergétique de la France en 2013 », *Le point sur*, n° 192, juillet 2014.

7 EEA, *Climate and Energy Country Profiles 2014*, EEA, 2014.

8 Ademe, *Ademe & Vous*, n° 42, 11 mars 2015.

Si la part des ENR dans la consommation finale s'est accrue de 9,1 % à 14,3 % entre 2004 et 2013, elle demeure en léger retrait par rapport à la trajectoire envisagée, comme par rapport au niveau de réalisation moyen des États membres de l'UE. L'objectif européen de 20 % et, plus encore, la cible française de 23 % à l'horizon 2020 demeurent donc incertains.

\ L'influence d'autres facteurs

Les performances relativement bonnes de la France en matière d'émission de GES et, plus particulièrement, de CO_2 semblent principalement dues à des raisons autres que la politique climatique suivie.

La faible teneur en CO_2 de l'électricité produite découle essentiellement de l'importance ancienne dans le mix de l'hydroélectricité et du nucléaire. Ces deux sources de production d'électricité n'ont pas été développées en tant qu'éléments d'une politique climatique. La première l'a été en raison du relief, de la géographie et des ressources hydriques de la France qui s'y prêtaient. La seconde l'a été en réponse au choc pétrolier de 1973-1974 et pour réduire la dépendance énergétique du pays. La fin de l'exploitation du charbon en France a, elle, été décidée car son extraction était devenue trop coûteuse, et non pour des raisons climatiques.

De même, la politique d'économie d'énergie a été lancée en France dès 1973, à la suite du premier choc pétrolier, pour des raisons de commerce extérieur et pour réduire la dépense énergétique. Une preuve parmi d'autres en est que cette politique a tendu à se relâcher à plusieurs reprises lorsque les prix du pétrole ont baissé et à reprendre lorsqu'ils ont remonté.

Le caractère faiblement émissif du parc automobile tient, en partie, à la relative spécialisation de l'industrie française dans les petites et moyennes cylindrées.

En outre, la conjoncture contribue à expliquer les performances et les évolutions favorables. Le ralentissement de l'activité économique et la hausse des prix des énergies fossiles ont bridé les émissions de CO_2[9].

Surtout, la désindustrialisation marquée de la France ces dernières années et la délocalisation de certaines activités a mécaniquement entraîné le déclin de l'intensité carbone du PIB. Une partie non négligeable de la diminution globale des émissions de GES provient de la baisse des émissions de N_2O dans le secteur industriel. Ces vingt dernières années, le contenu du PIB français s'est modifié avec un double mouvement de réduction de la part représentée par l'industrie et de délocalisation de celle-ci et d'augmentation de la part des services (tendanciellement moins émissifs). La structure de l'économie française ayant évolué, ses émissions de GES ont mécaniquement baissé. Pour l'écrire autrement, un point du PIB français de 1990 n'est pas égal à un point du PIB français de 2015. Ni la diminution d'un tiers de l'intensité carbone du PIB, ni la réduction globale des émissions depuis 1990 ne peuvent donc être attribuées entièrement à la politique climatique conduite. Pour mesurer l'effet net de celle-ci, il conviendrait de reconstituer fictivement, en 2015, la structure du PIB telle qu'elle était en 1990, de l'augmenter de la croissance depuis (qui serait différente de celle constatée puisque l'appareil productif, la consommation, etc. seraient autres) et, sur cette base, de mesurer l'évolution des émissions de GES à partir de ce PIB reconstruit.

Il serait inexact d'écrire que la politique climatique n'est pour rien dans ces performances et ces évolutions favorables. Elle a joué un rôle, notamment pour le développement des politiques d'ENR et d'économie d'énergie, laquelle a été de plus en plus

---

9 Au sein de l'UE, entre 2005 et 2012, environ 30 % des baisses d'émissions de CO_2 proviendraient de la crise économique contre 50 à 60 % pour les politiques climatiques (économie d'énergie et ENR) : CDC climat, *Point Climat*, n° 32, octobre 2013. L'influence de l'évolution du PIB sur la diminution des émissions semble particulièrement nette entre 2008 et 2012 : voir EEA, *Why Did Greenhouse Gas Emission Decrease in the EU Between 1990 and 2012?*, EEA, 2014.

justifiée par des raisons climatiques et non plus seulement économiques et sociales. Mais l'essentiel des performances relativement bonnes de la France semblent résulter d'une addition d'effets conjoncturels et de choix structurants qui ont été effectués en amont de la politique climatique et avant même la prise de conscience de l'enjeu du changement climatique ou l'accord sur la réalité du problème et ses causes.

\ Les critères d'une bonne politique climatique

En théorie, une politique climatique, qu'elle soit prioritaire ou non, devrait répondre à un certain nombre de critères. Elle devrait être :

- coordonnée dans ses différents éléments et hiérarchisée ;
- bien évaluée ;
- stable ;
- efficace, c'est-à-dire capable d'atteindre les objectifs qu'elle se fixe ;
- efficiente en termes de coûts/avantages et cela, tant du point de vue budgétaire que socio-économique ;
- économiquement non pénalisante, voire profitable, en permettant, par exemple, soit une amélioration de la productivité, soit la mise au point de nouveaux produits, soit la conquête de nouveaux marchés ;
- non régressive socialement ;
- articulée avec les autres politiques sectorielles, s'intégrant à elles au besoin en les modifiant.

Ces critères sont en eux-mêmes classiques. Ils correspondent *grosso modo* à ceux de toute bonne politique publique. Dans le cas du climat, le dernier critère est particulièrement important. En outre, il apparaît souhaitable et justifié d'ajouter au moins trois autres critères spécifiques :

- Le changement climatique étant en cours et les émissions françaises de GES faibles en valeur relative, non seulement le volet adaptation ne devrait pas être négligé au profit de l'atténuation mais sans doute privilégié ;

- La dimension mondiale du problème et l'incapacité de la France à le régler seule devraient constamment rester présentes à l'esprit. Une politique qui aboutirait à assigner trop de contraintes à la seule économie française ne remplirait ni le critère d'efficacité, ni celui d'efficience, ni celui de non-pénalisation économique puisque l'efficacité et le coût des dispositions prises ou à prendre doivent être jugés par rapport à celles pouvant être engagées dans des économies étrangères. À l'inverse, une politique qui ne concernerait que les seules émissions et non l'empreinte liée à la consommation serait borgne et peu efficiente ;
- La politique climatique et ses mesures ne doivent pas être dommageables aux autres aspects de l'environnement. À défaut, elles doivent minimiser leurs impacts environnementaux.

La politique climatique conduite jusqu'ici par la France répond mal à ces critères. Son amélioration est-elle envisageable ?

Pour une nouvelle politique climatique

On peut proposer six axes autour desquels reformuler, réordonner et réorganiser la politique climatique française :

1. Développer son volet adaptation, voire le rendre prioritaire sur le volet atténuation ;
2. Ne pas se contenter de solutions techniques et développer aussi des solutions impliquant des évolutions de modes de consommation et de production ;
3. Diminuer les contradictions entre les politiques sectorielles et la politique climatique et intégrer véritablement celle-ci au sein de celles-là ;
4. Favoriser les mesures à double ou multiples dividendes ;

5. Renforcer l'évaluation préalable de l'impact des mesures climatiques sur l'environnement et privilégier les mesures qui ne lui sont pas nocives ;
6. Prendre en compte de façon croissante l'empreinte GES.

Sur la base de ces six axes, divers types de mesures peuvent être proposés. Plusieurs d'entre elles paraissent également applicables dans d'autres pays.

La diminution des subventions publiques et des dépenses fiscales favorisant les énergies fossiles devrait être une priorité. Elle répond aux axes 2, 3, 4 et 5. Elle contribuerait à diminuer la dépense publique, à favoriser les économies d'énergie, à limiter les importations d'énergies fossiles, les émissions de polluants atmosphériques et leur coût sanitaire. Elle rendrait relativement plus rentables les économies d'énergie et les ENR.

Dans le même ordre d'idées, la limitation des entraves au signal prix que constituent les dispositifs tels que les tarifs réglementés, les tarifs sociaux, la gratuité de l'énergie pour certaines catégories pourrait produire des effets analogues. Les éventuelles conséquences sociales de ce type de réformes ne doivent pas être exagérées.

D'une part, si l'effet régressif brut de la fiscalité sur l'énergie semble confirmé par les études pour les combustibles, cela est moins vrai pour les carburants. Dans ce dernier cas, les taxes sur l'énergie pèsent surtout sur les catégories moyennes[10]. Ainsi en est-il de l'exonération de taxes sur le carburant des transports aériens qui ne profite pas aux populations défavorisées, guère

10 Stefan Speck, « Energy and Carbon Taxes and Their Distributional Implications », *Energy Policy*, vol. 27, n° 11, 1999 ; Mette Wier *et al.*, « Are CO_2 Taxes Regressive? Evidence from the Danish Experience », *Ecological Economics*, vol. 52, n° 2, 2005 ; Anna Leipprand *et al.*, *Links between the Social and Environmental Pillars of Sustainable Development, Task 1D: Environmental Taxes*, Ecologic, 2007 ; EEA, *Environmental Tax Reform in Europe: Implications for Income Distribution*, EEA technical report, n° 16/2011, 2011.

utilisatrices de ce mode de transport. La suppression ou la réduction de ces exonérations leur nuirait donc moins, en termes relatifs. De même, l'avantage fiscal du gazole bénéficie davantage aux catégories moyennes qu'aux plus populaires, moins équipées en automobiles. D'autre part, les effets de ces réformes peuvent être atténués par des allocations monétaires qui présentent l'avantage de préserver le signal prix. Les recettes peuvent aussi être utilisées pour financer des mesures rendant ces catégories moins dépendantes des assiettes taxées (transports collectifs, aides à l'amélioration de l'efficacité énergétique des logements, équipement en ENR, etc.). Il est aussi possible d'intégrer les réformes de la fiscalité de l'énergie dans une réforme plus vaste qui permettrait de compenser l'impact de la taxe par une baisse ciblée de l'impôt sur le revenu ou des aides aux bas revenus. Plusieurs pays ont expérimenté avec un certain succès ces méthodes.

À l'inverse, une bonne part des financements publics soutenant les nouvelles technologies de l'énergie devrait être réorientée vers l'amont, c'est-à-dire vers l'innovation et la recherche et développement. C'est là le moyen d'éviter de doper les importations par la dépense publique, voire de financer des technologies pouvant devenir rapidement obsolètes, dans un secteur en évolution rapide, et de contribuer à la constitution de nouvelles filières industrielles nationales qui pourraient devenir exportatrices.

On peut légitimement plaider pour que les mesures prises dans le domaine climatique ne le soient pas au détriment d'autres aspects de l'environnement mais, au contraire, concourent à leur amélioration. Cela est possible. Il suffit, pour commencer, de prendre en compte ces autres aspects environnementaux lors de l'évaluation préalable des différentes mesures.

À ce titre, il semble surprenant et critiquable que la plupart des évaluations socio-économiques des mesures concourant à la politique climatique se contentent de comparer les coûts à la tonne de CO_2 évitée. Ce type d'évaluation ne demeure-t-il pas partiel, voire biaisé ? Il ne permet pas la comparaison de l'efficience de ces dispositions avec d'autres mesures environnementales. Pour qu'il en soit autrement, il conviendrait de procéder à une analyse coûts/avantages des différentes dispositions environnementales et climatiques les unes par rapport aux autres. Ne pas procéder de la sorte revient à refuser l'évaluation comparée des mesures climatiques et des mesures environnementales et à considérer les premières supérieures, par essence ou de par l'objectif qu'elles visent, aux secondes, même dans le cas où elles n'atteignent que médiocrement leur cible et/ou à un coût très élevé. Autrement dit, pourraient ou devraient être comparés les avantages obtenus, pour chaque disposition, par exemple pour 1 million d'euros dépensé, en termes de tonnes équivalent CO_2 évitées, quantité de particules fines éliminées, tonnes de NO_x non émises, nombre de périmètres de captage protégés, nombre d'hectares d'écosystèmes riches préservés, nombre de logements insonorisés en zone de bruit élevé, etc., et cela, par les différents instruments utilisables.

Cela nécessite aussi de tenir compte des éventuels bénéfices climatiques de telle ou telle politique environnementale mais également des éventuels bénéfices environnementaux des différentes mesures envisagées en matière de politique climatique. Une telle prise en compte permettrait, à la fois, de privilégier celles dont les bénéfices environnementaux extra-climatiques sont les plus élevés, à gain climatique égal, de mieux évaluer le bilan socio-économique des diverses mesures de politique climatique, de diminuer le coût de certaines d'entre elles, voire d'éviter les plus défavorables à l'environnement.

Comme toute politique, celle conduite en matière climatique requiert des arbitrages. Ceux-ci peuvent ou doivent être rendus en fonction de considérations techniques, budgétaires, sociales, économiques et d'efficacité. Mais ils peuvent ou doivent aussi être rendus en fonction de considérations environnementales. Cela revient à dire que les décisions à prendre ou à ne pas prendre dans le domaine climatique doivent aussi l'être en fonction des autres politiques environnementales. Les considérations esthétiques entrent aussi dans le cadre de ces arbitrages. La conciliation entre éoliennes et loi Littoral ou patrimoine architectural illustre cet aspect.

Privilégier les politiques à dividendes multiples et intégrer la politique climatique dans les politiques sectorielles signifie aussi adopter une politique offensive et non défensive vis-à-vis du changement climatique. De ce phénomène naissent, naîtront et se développeront de nouveaux besoins, de nouvelles demandes, de nouveaux produits, de nouveaux marchés. Il s'agit d'en faire des opportunités économiques et de s'y positionner, non de les subir. Le défi climatique est porteur de ce que Schumpeter appelait la « destruction créatrice[11] ». Des énergies, industries, procédés industriels, types de transports, de distribution, etc., déclineront ou verront leur déclin accéléré car trop émissifs en GES ou devenus trop coûteux s'ils doivent intégrer un prix carbone ascendant. Ils deviendront trop risqués si l'action des investisseurs responsables et des agences de notation extra-financières, l'activisme actionnarial, l'exposition au risque climatique lui-même ou à ses conséquences (cas, par exemple, des sociétés de réassurance) conduisent à des décotes d'actifs, à des « *profits warnings* » (avertissements sur résultats) ou à des sinistres à répétition. Cela pourrait entraîner la fermeture d'usines, de gisements, d'entreprises, voire la disparition de filières ou secteurs, avec des conséquences économiques et sociales. Mais, dans le même temps, émergent ou émergeront d'autres techniques, d'autres énergies, d'autres industries, d'autres moyens de distribution, d'autres procédés (ENR, « *smart grids* » (réseaux intelligents), « *smart metering* » (compteurs intelligents), stockage d'électricité, stockage de carbone, économies d'énergie, effacement de l'électricité de pointe, etc.) qui viendront remplacer les industries déclinantes ou leur permettre de survivre en se transformant. Le domaine des ENR, par exemple, est constitué de plusieurs marchés porteurs

11 Joseph Schumpeter, *Capitalisme, socialisme et démocratie*, Payot, 1974 [1ère éd. américaine : 1942].

sur le plan mondial. Globalement, elles représenteront la moitié de la hausse de la production électrique attendue d'ici 2040, dont 34 % pour l'éolien et 18 % pour le solaire[12].

Une articulation des politiques des transports, de l'aménagement du territoire, de l'urbanisme et de l'urbanisme commercial, de façon à rapprocher les lieux de production et de distribution des lieux de résidence, permettrait de limiter l'étalement urbain et les émissions de GES qu'il suscite. Jusqu'à présent, ces politiques ont fonctionné en silos, de façon verticale, malgré la présence fréquente des administrations chargées de les conduire au sein du même ministère de l'Équipement. En 2007, un pas supplémentaire avait été franchi en rassemblant ces administrations avec celles chargées de l'environnement et du climat dans un même ministère. L'intégration de la politique climatique au sein de la politique des transports et de celle de l'urbanisme et du logement ne semble guère en avoir été améliorée, pas plus que l'articulation entre politiques des transports et de l'urbanisme. En 2012, le ministère chargé de la politique du logement et de l'urbanisme a de nouveau été séparé de celui compétent en matière de transports.

Pour devenir une politique véritablement interministérielle, dans la lignée de l'axe 3, la gouvernance de la politique climatique gagnerait à être réorganisée. Le changement climatique constitue l'archétype de l'enjeu interministériel. Il devrait donc faire l'objet d'une politique transversale dans ses volets atténuation et adaptation. Cela est loin d'être le cas aujourd'hui, beaucoup de ministères français (comme ailleurs dans le monde) étant structurés selon une logique sectorielle et/ou verticale.

Depuis la réforme du ministère du Développement durable, le rôle central en matière de changement climatique est tenu par la DGEC. Or, d'une part, celle-ci est une Direction d'administration centrale faisant partie du ministère de l'Écologie, de l'Énergie, du Développement durable et des Transports. D'autre part, elle est la continuité de la DGEMP du ministère de l'Économie et de

12 IEA, *World Energy Outlook 2014*, *op. cit.*

l'Industrie à laquelle a été intégré un service climat en 2008. De son statut de Direction relevant d'un ministère découle donc un positionnement ministériel et non interministériel. De la structure constituée en 2008 résulte un traitement de l'enjeu climat principalement par une Direction chargée de l'énergie. De l'historique de cette DGEMP-DGEC découle une culture essentiellement axée sur les questions énergétiques, voire industrielles. Au sein de la DGEC, le service climat est chargé de mettre en œuvre une politique d'atténuation des émissions de GES, de respect des engagements en la matière, etc. La Direction de l'énergie est chargée de la sécurité et de la diversification de l'approvisionnement énergétique de la France, ce qui inclut, par exemple, l'aide à la négociation de contrats d'importation d'énergie fossile, voire à la recherche et à l'exploration de ressources fossiles en France, y compris *off-shore*, le maintien de tarifs énergétiques modérés et compétitifs, etc.

Le fait est que certaines des politiques qu'elle est chargée de mettre en œuvre peuvent se trouver en contradiction. La séparation au sein de la direction générale entre un service climat et une Direction énergie peut éventuellement aider à mieux conduire ces politiques parfois divergentes mais pas à résoudre toutes les contradictions. C'est d'autant plus le cas qu'au sein de cette DGEC, l'énergie relève d'une Direction et le climat d'un simple service.

La greffe d'un service climat sur l'ex-DGEMP peut aider à comprendre que la politique du changement climatique ait surtout visé le secteur énergétique en France. Cette construction et le fait que cette direction générale fasse partie du MEDDE peuvent contribuer à expliquer que la politique climatique française demeure insuffisamment interministérielle et, notamment, ne pénètre que peu les secteurs ne faisant pas partie ou n'ayant pas fait partie, depuis 2007, des compétences du MEDDE. En outre, cette structuration implique que beaucoup de ces conflits soient gérés et arbitrés en interne, c'est-à-dire de façon administrative et non en interministériel, c'est-à-dire de façon politique.

Curieusement, pour remédier à cette difficulté, la Cour des comptes recommande de renforcer le rôle de la DGEC, de doter le CIDD d'un secrétariat permanent relevant du ministre chargé de l'environnement et du développement durable et assuré par la DGEC[13]. Cette suggestion ne semble guère pouvoir aider à résoudre les problèmes découlant du positionnement ministériel et non interministériel de la DGEC. Elle ne paraît pas, non plus, pouvoir favoriser la conception et le pilotage d'une politique climatique trop centrée sur l'énergie jusqu'ici. Elle n'aide pas davantage à atténuer les missions parfois contradictoires de la DGEC.

Si l'on souhaite que la politique climatique devienne véritablement interministérielle et ne se concentre plus essentiellement sur le secteur énergétique, elle ne doit plus relever d'une administration chargée de l'énergie ni même d'un ministère chargé de politiques sectorielles, ni même, peut-être, du ministère de l'Environnement.

Le respect des principes 2 à 5 conduit aussi sans doute à mieux équilibrer la politique d'efficience énergétique avec la politique de développement de sources alternatives de production d'énergie. Le développement des ENR possède des avantages que l'on a rappelés, notamment en termes de diversification du mix électrique, voire de constitution de base nationale de nouvelles filières industrielles. Mais le mix électrique français étant déjà l'un des moins carbonés au monde, peu de gains sont à attendre de cette politique en termes d'émissions de GES. À l'inverse, le développement plus rapide d'une politique d'efficience énergétique permet à la fois de diminuer les consommations d'énergie, de limiter les importations et la dépendance énergétique, les émissions de polluants atmosphériques et leurs conséquences sur la santé, et les autres effets dommageables pour l'environnement. Cela ne revient pas à écrire que le développement des ENR n'est pas une bonne chose en soi. Cela consiste plutôt à mieux en définir les objectifs et, à partir d'eux, ses modalités.

---

13 Cour des comptes, *La Mise en œuvre par la France du paquet énergie-climat*, *op. cit.*

S'il s'agit de faire contribuer marginalement les ENR à la réduction des émissions françaises de CO_2, alors, il convient de centrer leur développement dans les zones non interconnectées au réseau électrique, où le mix demeure très carboné, notamment dans les DOM[14]. Cet objectif peut aussi justifier le développement des ENR dans les zones interconnectées mais en autoconsommation, en remplacement ou en appoint du chauffage au fioul notamment. Cela suppose, peut-être, d'y supprimer, à terme, l'obligation d'achat et/ou d'y remplacer le tarif d'achat par un autre mécanisme de soutien moins élevé et donc moins coûteux qui prendrait en compte l'économie de facture réalisée et la difficulté pour les réseaux actuels à absorber trop d'électricité intermittente, voire les économies de CO_2 obtenues en période de pointe. La difficulté vient de ce que, aujourd'hui, une telle substitution n'est pas toujours rentable et suppose des capacités de stockage de l'électricité non disponibles. Mais l'avantage vient de ce que, dans ce modèle, la notion de parité réseau évolue. Le coût de l'électricité délivrée par le réseau se compare à celui produit par l'installation décentralisée avant coût de distribution, ce qui rend cette dernière plus compétitive.

En dehors d'un objectif de diminution des émissions de CO_2, le développement des ENR peut aussi être souhaité dans les zones non interconnectées, pour y réduire leur dépendance envers les importations énergétiques, ce qui peut être jugé désirable, même à un coût élevé, pour des raisons géopolitiques.

Si l'on désire développer les ENR pour structurer une ou plusieurs filières industrielles françaises capables d'exporter, il convient de choisir soigneusement celles dans lesquelles la France dispose d'avantages compétitifs et de les déployer dans le pays en tant que vitrine de ce savoir-faire. C'est ce qu'elle entreprend, avec retard, dans le domaine de l'éolien en mer.

14 L'électricité d'origines thermique et renouvelable représente, respectivement, en 2013, 86 % et 14 % en Guadeloupe, 95 % et 5 % en Martinique, 40 % et 60 % en Guyane, 73 % et 27 % à la Réunion, 94 % et 6 % à Mayotte : CGDD, *Bilan énergétique de la France pour 2014*, CGDD, 2015.

S'il s'agit de diversifier le mix électrique parce qu'on le juge trop dépendant d'une seule source et de ses éventuelles défaillances techniques ou de son approvisionnement en uranium, alors le développement des ENR est tout à fait justifiable mais pas au nom de la diminution des émissions de CO_2. Au contraire, la construction, le transport, l'installation des ENR et le démantèlement de certaines centrales nucléaires reviendraient à accroître les émissions de CO_2 dans un premier temps. À l'inverse, une politique de développement des ENR peut parfaitement être un moyen d'atténuer les émissions de CO_2 dans un pays donné selon son mix électrique d'origine et les ENR de substitution choisies. Ce n'est pas le cas de la France. La politique de développement des ENR doit donc et peut y être défendue pour d'autres motifs.

Une politique climatique ne peut se contenter d'améliorations ni même de ruptures technologiques. Elle suppose à la fois des évolutions des modes de consommation et de production et de vraies modifications, en profondeur, de certaines politiques publiques sectorielles.

Dans le domaine de l'immobilier et de l'urbanisme, cela nécessite de ne plus se contenter de se concentrer sur l'enveloppe thermique des locaux mais de se préoccuper aussi d'urbanisme dans une perspective climatique et de l'organisation des villes. Maîtriser l'étalement urbain, densifier le bâti existant à proximité des transports collectifs, favoriser un urbanisme mixte et non plus séparé fonctionnellement ainsi que l'individuel groupé ou le petit collectif par rapport à l'individuel isolé sont autant de pistes à poursuivre. Une telle politique, outre des gains en termes d'émissions de CO_2, engendrerait des dividendes en matière de réduction des pollutions atmosphériques, d'artificialisation des sols, de ruissellement des eaux et de limitation des atteintes à la biodiversité, aux terres agricoles, aux paysages, etc.

La politique climatique dans le domaine des transports continue à être très majoritairement axée sur les progrès technologiques au niveau des émissions des véhicules de tourisme. Dans le même temps, elle persiste à favoriser la mobilité automobile individuelle par la construction de nouvelles infrastructures routières ou à ne pas tenter de la maîtriser par les PDU, le péage urbain, la fiscalité du fret routier, des efforts accrus sur les lignes ferroviaires secondaires ou le report de fret.

Cette contradiction ne permettra sans doute pas une diminution massive des émissions de GES de la route à moyen terme. Une vraie intégration de la politique climatique dans la politique des transports suppose probablement une maîtrise, au moins partielle, de la mobilité croissante, notamment de la mobilité contrainte. Celle-ci a beaucoup été accrue par l'éloignement des lieux de résidence et de travail et par le développement de vastes surfaces commerciales puis de « *drive* » (point retrait) en dehors même des villes depuis quelques dizaines d'années. Une telle politique supposerait aussi, peut-être, non plus un accroissement mais une diminution de l'offre de voirie.

Les expériences de suppression des voies rapides urbaines et de leur transformation en avenues dans différentes villes des États-Unis (Portland, New York, San Francisco, Boston, Milwaukee) ou de Corée du Sud (Séoul) montrent qu'elles ont permis la diminution du trafic moyen journalier sur les axes concernés (de 9 % à 35 %), même en incluant les reports de circulation. Une partie des déplacements motorisés perdus ne se retrouve pas dans le trafic des transports en commun, conduisant ainsi à une diminution du trafic global. Cela signifie que la suppression de la voie rapide permet une modification des comportements : augmentation des transports en commun, certes, mais aussi changement d'itinéraire, covoiturage, part accrue de la marche et de la bicyclette, réduction de la fréquence des déplacements, renoncement à certains trajets moins utiles, etc[15]. Or, cette capacité d'adaptation ou élasticité des comportements ne semble pas intégrée dans les simulations de trafic qui tendent, de ce fait, à surestimer les besoins de capacité

15 Paul Lecroart, *Fins d'autoroutes, renaissances urbaines : la transformation de voies rapides en avenues*, IAU Ile-de-France, 2013 ; voir aussi Sally Cairns, Carmen Hass-Klau, Phil Godwin, *Traffic Impacts of Highway Capacity Reductions: Assessment of the Evidence*, Landor Publishing, 1998 ; Jane Jacobs, *Déclin et survie des grandes villes américaines*, Éditions Parenthèses, 2012 [1ère éd. américaine 1961].

routière. En outre, la transformation des voies rapides a favorisé la renaissance de centres-villes et de certains quartiers isolés ou disqualifiés par les autoroutes urbaines. Elle a libéré du foncier permettant sa reconstruction en quartiers denses et mixtes, a favorisé la création de commerces, de loisirs, de logements privés, le développement d'espaces publics multi-usage, de tourisme, etc.

L'intégration de la politique climatique dans la politique des transports suppose donc d'aller au-delà des seuls progrès technologiques et de tenter de diminuer la part de la route, d'accentuer le report modal ou de réduire la mobilité contrainte. Il en résulterait des dividendes conjoints en termes de pollution atmosphérique, de congestion, d'accidents, d'économies d'énergie, etc.

Par sa meilleure insertion dans la politique agricole, la politique climatique pourrait, tout à la fois, combiner adaptation et atténuation, améliorations techniques, mesures allant dans le sens de la nature et modification des modes de production, dividendes multiples et dispositions favorables à l'environnement. En outre, la France, qui dispose d'une des plus grandes forêts de l'UE, pourrait davantage intégrer la politique climatique dans sa gestion sylvicole. L'introduction de considérations climatiques dans la politique agricole suppose une politique globale de l'agriculture, de la forêt et des sols, ciblant aussi bien la maîtrise des émissions de N_2O et CH_4 que des modifications de pratiques culturales telles que le semis direct et/ou la réduction des labours, les cultures intercalaires, la plantation de haies, la conservation des prairies, l'agroforesterie, le développement de l'agriculture de précision, l'extensification, le développement des bandes enherbées. Les dividendes connexes d'une politique de ce type semblent potentiellement importants en termes de diminution d'émissions mais aussi de stockage de carbone, de qualité des sols, de biodiversité, de pollutions de l'eau et de l'air, voire de paysage. Ils se conjugueraient avec d'autres mesures de la politique agricole telles que les mesures agro-environnementales ou le programme d'action nitrate et pourraient aussi contribuer à aider la France à se mettre en règle avec les prescriptions de la directive nitrates de 1991.

Par exemple, le développement du biogaz répond bien aux axes 3 et 5. Outre ses bénéfices climatiques, il contribue à desserrer la dépendance énergétique du pays, à mieux éliminer et valoriser les déchets – réduisant leur mise en décharge –, au traitement des effluents agricoles, tout en assurant un revenu complémentaire aux agriculteurs. Par rapport à d'autres ENR, il présente l'avantage de ne pas être une énergie intermittente.

La diplomatie climatique française devrait clarifier ses objectifs : mettre en avant les efforts déjà accomplis pour refuser de nouvelles contraintes nationales excessives sans contreparties ou, au contraire, jouer un rôle de précurseur pour bénéficier du « *first mover advantage* » sur le marché des technologies décarbonées ou faciliter un accord international, etc.

Quelle que soit l'option choisie, l'enjeu climatique devrait être mieux intégré dans la politique du commerce extérieur. Jusqu'à présent, celle-ci ne semble guère prendre en compte, sinon favoriser, ne serait-ce qu'à qualité égale, les produits à moindre contenu en CO_2 dans les importations. Des politiques proches ont pourtant pu se mettre en place à l'aide de labels pour le bois (Forest Stewardship Council, FSC ; Program for the Endorsement of Forest Certification, PEFC), les produits de la mer (Marine Stewardship Council, MSC) ou les biocarburants. L'intégration de la politique climatique dans celle du commerce extérieur serait facilitée si, à côté ou à la place de l'indicateur des émissions de GES, était pris en compte l'indicateur d'empreinte GES. Le rattachement récent du commerce extérieur au ministère des Affaires étrangères, chargé des négociations climatiques, ne paraît pas avoir conduit à une évolution de la politique du commerce extérieur sur ce point.

Conclusion(s)

Au terme de cet ouvrage, on peut tenter de tirer quelques conclusions, provisoires, modestes et partielles et suggérer quelques perspectives, tout aussi provisoires, modestes et partielles.

Une priorité abusive et mal gouvernée

Le changement climatique semble abusivement considéré comme le problème d'environnement principal. C'est particulièrement le cas en Europe et davantage encore en France. Il en est de même dans nombre de PVD. Les critères qui pourraient le rendre prioritaire ne paraissent pas satisfaits. La primauté accordée au sujet semble donc excessive voire surprenante.

Procéder à ce constat ne signifie, en aucun cas, nier l'importance du changement climatique et de ses conséquences mais invite à insister sur trois points. D'abord, cela oblige à s'interroger sur les fondements exacts des politiques climatiques et de leur caractère privilégié, qui ne semblent pas clairement formulés, ni explicités, ni justifiés. Ensuite, cela conduit à attirer l'attention sur une perception contestable : celle qui considère, de plus en plus, le changement climatique comme une cause majeure des autres problèmes d'environnement, alors qu'il en est, d'abord, la conséquence. De cette perception résulte un risque : celui de croire que le problème du changement climatique pourrait être résolu indépendamment des autres questions d'environnement voire à leur détriment.

Du cadre international instauré par la CNUCC de 1992 et le protocole de Kyoto de 1997, on ne pouvait attendre que des progrès très limités, en termes de réduction globale des émissions comme de capacité évolutive du processus. Ce constat pouvait être effectué dès l'origine. Mais les défauts initiaux du système ont été occultés ou n'ont pas été perçus par certains. Dès 1997, les parties au protocole de Kyoto ne rassemblaient qu'une minorité de pays qui n'émettaient qu'une minorité des GES mondiaux. Et, dès cette époque, les tendances montraient clairement que cette proportion irait en diminuant et que le protocole serait de moins en moins opérationnel et pertinent au fil du temps. Sa ratification par les États-Unis n'aurait pas invalidé cette évolution. Elle l'aurait simplement retardée.

Le système mis en place n'était ni efficient, ni équitable, ni révisable rapidement.

Les leçons de ces faiblesses ne semblent pas avoir été pleinement tirées. On se pose, aujourd'hui, les problèmes d'hier avec les méthodes d'hier, au lieu de soulever les questions de demain à l'aide de nouveaux outils. Ainsi, la communauté internationale se préoccupe désormais de l'importance des émissions chinoises et de leur progression. Elle cherche à inciter la Chine à les modérer. Mais étant donné ce que l'on savait alors, ces préoccupations n'auraient-elles pas dû être prédominantes dès les années 1990 ? Ne sont-elles pas tardives aujourd'hui ? Elles ne peuvent, de façon rétroactive, influencer les émissions chinoises des vingt dernières années, ni même probablement, celles des dix prochaines. En revanche, au vu des progressions projetées des parts de l'Inde et du Moyen-Orient, n'est-ce pas auprès de ces deux sources que se trouve le potentiel d'infléchissement majeur ? Ne conviendrait-il donc pas de négocier, dès à présent, des accords spécifiques avec ces deux ensembles géopolitiques ? Faute de quoi, le problème posé par les émissions de ces puissances ne risque-t-il pas d'être analogue dans une douzaine d'années à celui posé par la Chine aujourd'hui ?

De quoi la lutte contre le changement climatique est-elle le nom ?

Si le changement climatique n'est pas véritablement le problème d'environnement principal, dominant tous les autres, on peut se demander pourquoi il est désormais considéré comme tel. Cette discordance résulte peut être d'un triple glissement des termes du débat et de son sens.

Une tentative de redéfinition de « l'écologie » par le changement climatique ?

Ce qui se joue dans la vampirisation progressive de l'environnement par le changement climatique n'est rien de moins que la définition ou redéfinition de ce qui constitue l'environnement – voire le développement durable – et la redéfinition de ce qui lui est contraire ou extérieur. Cette bataille masquée dont les acteurs sont les médias, les ONG, les partis politiques, les institutions de l'État, etc., voit s'affronter des légitimités différentes et des concepts distincts.

En ce qui concerne les médias, un article récent d'un grand quotidien, intitulé « L'écologie, une préoccupation de façade[1] », fournit une illustration de cette redéfinition. On peut y lire : « Entre ravaler la façade noircie par les particules du Diesel ou remplacer la vieille chaudière pour lutter contre le réchauffement

1 *Libération*, 14-15 février 2015.

climatique, le cœur du proprio ne balance pas. Selon une étude de l'Adil 75 (agence départementale d'information sur le logement), les copropriétaires parisiens préfèrent souvent embellir leur placement dans la pierre plutôt que d'œuvrer à son isolation et à sa rénovation énergétique. [...] L'avenir de la planète ne pèse pas lourd face au patrimoine. »

Cette perception et cette redéfinition de ce qu'est « l'écologie » étonne pour plusieurs raisons. D'abord, il semble considéré que remédier à certains effets du Diesel n'est pas écologique. Or, le média qui publie cet article a souligné, à maintes reprises, les inconvénients environnementaux du Diesel et critiqué, depuis plusieurs années, les avantages dont il jouit en France. On comprend donc mal comment certains des dommages qu'il cause et leurs répercussions pourraient subitement être exclus de « l'écologie ».

Ensuite, le « patrimoine » est opposé à « l'avenir de la planète ». Ce postulat semble bien trop manichéen. Il engendre même un contre-sens. La préservation du patrimoine est à la base de la protection de l'environnement. Sa transmission en bon état aux générations futures constitue l'un des fondements du développement durable.

En outre, si « la planète » et le climat sont un patrimoine commun qui concerne chacun, l'immobilier bâti est un patrimoine, certes, le plus souvent privé, mais dont l'obligation de ravalement obéit à des considérations d'ordre public et environnemental (risques, hygiène, embellissement, etc.). Se donnant à voir aux voisins, passants, touristes, il participe, aussi, d'une certaine manière, du patrimoine commun. « La façade d'une maison n'appartient pas à celui qui l'habite mais à celui qui la regarde » écrit Lao Tseu dans le *Tao Te King*.

Surtout, il est surprenant de constater que les préoccupations esthétiques et de cadre de vie ne sont pas considérées comme participant de « l'écologie » ni de « l'avenir de la planète ». Il s'agit bien là d'une redéfinition de ces concepts car ils disent tout le contraire. Étymologiquement, « l'écologie » (*oikos logos*) est la science de l'habitat ; l'environnement renvoie à voisinage, à ce qui environne l'Homme, à son cadre de vie. Et, historiquement, comme on l'a rappelé, les préoccupations premières en la matière ont bien été celles relatives à l'hygiène, au cadre de vie, au paysage, à l'urbanisme, à l'architecture.

En ce qui concerne les ONG comme les pouvoirs publics, on a déjà montré à quel point ils étaient beaucoup plus actifs dans le domaine du changement climatique que dans celui de la pollution de l'air. Le premier est bien plus souvent spontanément associé au développement durable que le second. En France, la Cour des comptes semble assimiler développement durable et politiques énergétique et climatique[2]. La terminologie elle-même évolue, tendant à circonscrire le développement durable aux mesures climatiques. Ainsi, le crédit d'impôt développement durable (CIDD) est-il renommé crédit d'impôt pour la transition énergétique (CITE) par la loi de finances pour 2015.

Concernant les partis politiques, il est intéressant d'observer qu'une grande part des amendements déposés lors des examens de la proposition de loi Brottes et du PLTE et visant à faciliter l'implantation d'éoliennes de grande hauteur sur le littoral et en montagne émanent de parlementaires EELV. Or, plusieurs de ces propositions foulent au pied certains des grands principes du droit de l'environnement, en faveur desquels les ONG environnementales ont œuvré depuis des décennies. Il s'agit, notamment, de l'enquête publique, du principe de participation du public aux décisions ayant un impact sur l'environnement, du régime d'autorisation et des lois Littoral et Montagne.

Ainsi, certains de ces amendements proposent de passer du régime d'autorisation à celui de la simple déclaration, pour les éoliennes de plus de 50 mètres de hauteur, ce qui aurait pour effet de supprimer l'enquête publique et les modalités d'information, de consultation et de participation du public qu'elle comprend. D'autres, critiquant les dispositions des lois

2 Cour des comptes, *La mise en œuvre par la France du paquet énergie-climat*, *op. cit.*

Montagne, Littoral et Grenelle s'appliquant aux ENR, suggèrent le vote de dérogations de principe à la règle de l'urbanisation en continuité pour ces installations.

L'ironie politique de ces demandes vient de ce que la loi Littoral a été adoptée à l'unanimité à une époque où Les Verts ne comptaient aucun parlementaire et que ce sont des parlementaires EELV qui, trente ans plus tard, une fois élus, réclament son assouplissement. Quant au principe de participation, il est inscrit aussi bien dans le droit européen que dans la Convention d'Aarhus ou la Charte de l'environnement et possède donc une valeur constitutionnelle.

Les motifs de ces amendements, tels que développés durant les débats parlementaires, laissent songeur. Les procédures susmentionnées auraient été instituées dans un but de protection environnementale pour des activités supposément anti-environnementales *a priori*. Mais elles ne devraient pas s'appliquer aux ENR, activités environnementales *a priori*. Juridiquement, ce subtil distinguo ne tient évidemment pas. En outre, il conduirait à ne pas appliquer, à certaines installations, des principes qui font partie de la démocratie environnementale et des procédures démocratiques tout court. Par ailleurs, il conduit d'emblée à nier les impacts environnementaux des ENR qui peuvent se révéler notables.

Ce qui facilite ou ce qui est censé faciliter (même quand les études montrent que ce n'est pas toujours le cas) la lutte contre le changement climatique participerait donc, par principe et sans qu'il soit nécessaire de le vérifier plus avant, de la conception nouvelle de « l'écologie », mériterait des procédures allégées et ne devrait pas être entravé par des réglementations, même environnementales. *A contrario*, la partie de l'environnement qui ne contribue pas spontanément à la politique climatique et les règles environnementales auxquelles sont parfois soumises des installations y concourant, ne relèveraient pas de cette conception nouvelle de « l'écologie » et devraient être allégées pour ne pas la freiner. Les arbitrages ne devraient plus se faire au cas par cas, projet par projet, comme le veut la méthodologie bien établie de l'étude d'impact, en pesant les différents avantages et inconvénients environnementaux de différents ordres mais *ex abrupto,* en accordant d'emblée un préjugé favorable voire des procédures accélérées et allégées à ce qui participe de la politique climatique, fût-ce au détriment de l'environnement.

Une polarisation excessive sur le financement ?

La question du financement des mesures d'atténuation et d'adaptation est devenue un leitmotiv du débat climatique. Elle a d'ailleurs eu tendance à se transformer peu à peu : d'une part en financement de la « transition énergétique » et d'autre part en étant exprimée en « besoins de financement ». Ce glissement de vocable témoigne, lui aussi, de l'évolution du débat[3].

Selon diverses évaluations utilisant des hypothèses distinctes et couvrant des périmètres géographiques et sectoriels différents, les financements nécessaires pour respecter l'objectif des + 2 °C sont estimés entre 700 et 9 300 milliards de dollars par an[4].

Si les politiques climatiques nécessitent, naturellement, des financements, la prédominance croissante de cette approche soulève de nombreuses questions. Est-elle la meilleure ? Ne risque-t-elle pas de bloquer ou de retarder certaines actions ? N'engendre-t-elle pas des espérances financières illusoires ? N'est-elle pas vouée à demeurer une incantation, greffée de perpétuelles surenchères ?

---

3 C'est d'autant plus le cas qu'il n'existe pas une définition unanimement acceptée ni un modèle unique de « transition énergétique » et que celle-ci peut varier dans son contenu comme dans son rythme, selon les pays, en fonction de leurs mix énergétiques actuels et des décisions de leurs gouvernants.

4 IEA, *World Energy Investment Outlook 2014,* OECD, IEA, 2014; *Word Energy Investment Outlook, Special Report,* OECD, IEA, 2014 ; *Energy Technology Perspectives 2014*, IEA, 2014 ; David Nelson et al., *Moving to a Low-Carbon Economy: The Financial Impact of a Low-Carbon Transition*, CPI, 2014 ; World Economic Forum, *The Green Investment Report*, WEF, 2013 ; The Global Commission on The Economy and Climate, *Better Growth, Better Climate: The New Climate Economy Report*, 2014.

D'abord, l'éventail très large des estimations peut entraîner une certaine confusion en incluant, selon les cas, des investissements de renouvellement ou de modernisation devant être effectués, même sans changement climatique. Le prisme de cette approche peut aussi contribuer, indirectement au moins, à favoriser les solutions d'investissement en capital au détriment, parfois, des modifications de comportements ou de l'adaptation.

Ensuite, ces chiffrages globaux ne permettent pas, par eux-mêmes, de privilégier les mesures engendrant des cobénéfices, parfois difficilement mesurables, dans d'autres domaines notamment environnementaux. À l'inverse, une partie de ces nouveaux financements climatiques sera dommageable à l'environnement ; dans quelles proportions ?

De plus, la satisfaction des « besoins de financement » n'assure pas l'efficience des mesures ainsi financées.

Par ailleurs, il existe des « besoins de financement » non satisfaits dans quasiment tous les domaines. Davantage de financements affectés au changement climatique signifie moins de financements affectés à d'autres politiques (social, éducation, sécurité, santé, défense nationale, culture voire même environnement).

Au sein même de l'environnement existent des « besoins de financement » non satisfaits dans d'autres secteurs. Par exemple, en matière de biodiversité, les « besoins de financement » annuels pour atteindre les objectifs d'Aichi sont évalués entre 150 et 440 milliards de dollars, soit entre 0,2 et 0, 53 % du PIB mondial[5].

La monétarisation de plus en plus fréquente du changement climatique a aussi pour conséquence et, peut-être, parfois, pour dessein, d'en faire un « objet environnemental » plus « sérieux » que d'autres, plus difficilement chiffrables. Elle contribue également à le transformer en enjeu économique, devenant potentiellement plus légitime que d'autres sujets environnementaux. Par là même,

5 High Level Panel on Global Assessment of Resources for Implementing the Strategic Plan for Biodiversity 2011-2020, *Resourcing the Aichi Biodiversity Targets: A First Assessment of the Resources Required for Implementing the Strategic Plan for Biodiversity 2011-2020*, 2012.

elle tend aussi à suggérer que le changement climatique peut devenir un marché et que sa résolution dépend, en partie, de la mise au point de techniques d'ingénierie financières capables d'assurer contre les risques qui en découlent et de solvabiliser les demandes d'atténuation et d'adaptation.

Enfin, la focalisation sur le financement s'effectue au détriment d'autres aspects importants du sujet. Parmi ceux-ci, on peut citer la faible place de l'adaptation par rapport à l'atténuation, l'absence d'objectifs de réduction pour certains pays riches, pour les pays dont les émissions croissent le plus vite et pour certains secteurs (transports aérien et maritime), l'accaparement des MDP par les pays émergents au détriment des PMA, la tendance à circonscrire les politiques climatiques au secteur énergétique, la négligence du potentiel des puits à carbone (le changement d'affectation des terres représente tout de même la seconde source d'émissions avec 23 % du total) et du couplage de leur préservation avec la protection de la biodiversité qu'ils recèlent, la sous-estimation des effets bénéfiques et à plus court terme des réductions des émissions de méthane par rapport à celles de CO_2, etc. Ces différentes facettes des politiques climatiques se trouvent reléguées à l'arrière-plan, après la question financière, alors qu'elles mériteraient les premiers rangs.

Réduire les émissions de GES ou rééquilibrer les rapports Nord-Sud ?

L'objectif d'une diminution des émissions mondiales de GES s'est vu progressivement concurrencé par des demandes de transferts financiers vers les pays du Sud. Ce glissement s'est trouvé, lui-même, favorisé par la formulation du débat climatique en termes de « besoins de financement », évoquée ci-dessus. Cette question est devenue un enjeu déterminant des négociations climatiques. Il en découle des oppositions marquées entre les pays développés et les PVD, soutenus par certaines ONG.

Les avancées des négociations se heurtent, depuis plusieurs années, aux réclamations des PVD d'une attribution préalable de ressources financières et technologiques suffisantes pour mettre en œuvre, sur leurs territoires, des mesures d'atténuation des émissions et d'adaptation au changement climatique. Mais ces revendications ont, elles-mêmes, évolué. Après le financement des mesures climatiques puis de la « transition énergétique », il s'est agi de demandes de transferts financiers vers les PVD pour permettre leur développement global. Au-delà, émerge parfois une volonté bien plus vaste de faire des négociations climatiques un levier de redistribution des revenus à l'échelle mondiale, voire de rééquilibrage politique des rapports Nord-Sud, notamment en obtenant la reconnaissance des concepts tels que la responsabilité historique ou la « dette climatique » des pays développés ou de « justice climatique »[6].

La résolution du problème climatique devient alors subordonnée, pour ces pays et ceux qui soutiennent cette position, à la satisfaction de ces exigences. Surtout, seules semblent considérées comme légitimes et répondant aux critères du développement durable les solutions qui respectent cette revendication de redistribution et passent par elles.

Cette vision et son emprise croissante apparaissent discutables pour plusieurs raisons.

Il est considéré que ces financements doivent être assurés par les pays du Nord. Cependant, l'éventail des pays destinataires n'est pas clairement défini. Or, la solidarité financière peut difficilement s'exercer de la même manière envers des PMA démunis et des pays émergents, bénéficiant de soldes excédentaires de leurs balances commerciales et ayant les moyens de financer eux-mêmes une grande partie de leur « transition énergétique ».

---

6 Voir, notamment, Olivier Godard, *Le risque climatique planétaire et la question de l'équité internationale dans l'attribution de quotas d'émissions échangeables*, Environmental Economics & Management Memorandum, UCL Louvain, 2003.

Ces exigences omettent ou sous-estiment la situation économique et budgétaire de beaucoup de pays développés. Elles surestiment l'acceptabilité, dans ce contexte, par les gouvernements et les opinions publiques de ces pays d'une augmentation substantielle des concours financiers envers les PVD.

Ces demandes ne semblent pas réellement conditionnées à des engagements de réduction de leurs émissions par les pays destinataires de ces nouvelles ressources. Elles ne précisent pas davantage le rôle que devraient jouer, dans ce scénario, les pays producteurs d'énergies fossiles (souvent hostiles à cette « transition énergétique » et à son financement) et les grands émergents, représentant une part croissante des émissions de GES et du PIB mondial.

Elles ne lient pas l'augmentation des transferts financiers vers les pays du Sud à la diminution de leurs subventions aux énergies fossiles. Or, ces deux aspects peuvent difficilement être dissociés. Il serait incohérent, inefficace voire inéquitable que les pays développés accroissent leurs financements des politiques climatiques et de la transition énergétique de pays qui, dans le même temps, continueraient à soutenir, par des subventions antagonistes et pour des montants considérables, les énergies fossiles.

Surtout, cette vision des choses peut être contestée, au nom même des critères du développement durable. De fait, l'exigence de transferts financiers Nord-Sud focalise le débat climatique sur son aspect de justice interétatique. Elle ne garantit en rien une équité intergénérationnelle ni une justice sociale intragénérationnelle dans les pays du Sud. Or, depuis plus d'un quart de siècle, on a plutôt assisté à une diminution des inégalités entre pays et à une diffusion des inégalités à l'intérieur des pays, notamment au sein des pays émergents et des PVD. Les termes dans lesquels est de plus en plus posé le débat climatique ne contribuent guère à modifier cette situation.

Enfin, d'une manière générale, sur ce sujet, le pilier social du développement durable semble l'emporter, peu à peu, sur son pilier environnemental, alors même que le changement climatique est, à l'origine, un problème d'ordre environnemental.

\ Atténuer les réticences à l'action collective

L'une des conditions décisives pour avancer dans les négociations climatiques consiste à tenter de résoudre les difficultés propres à toute action collective, bien mises en relief par les théoriciens de ce sujet. Dans un groupe dont tous les membres bénéficieraient d'une action, chacun espère profiter des retombées positives de celle-ci tout en étant tenté de ne pas contribuer individuellement (comportement du « passager clandestin » ou « ticket gratuit[7] »). Le climat étant un bien public global, la politique en faveur de sa préservation constitue un cas typique d'action collective procurant des bénéfices à des acteurs cherchant à minimiser le coût de leur participation propre. Sans entrer dans les débats parfois vifs autour des conditions de l'action collective, il est considéré – bien que cela soit contesté par les anti-utilitaristes – qu'une manière d'atténuer les obstacles à cette action consiste à fournir des bénéfices individuels et non plus seulement collectifs à chacun des membres constituant le groupe.

Cette suggestion semble peu suivie dans les négociations climatiques. Les débats se concentrent sur l'actualisation ou la refonte du système international mis en place par le protocole de Kyoto. Mais y remédier sans modifier les politiques nationales ne permettra guère de résoudre le problème. Si l'on institue un système de gouvernance international du climat plus équilibré mais que nombre de pays continuent à conduire des politiques nationales favorisant le changement climatique, les progrès seront faibles. Un cadre international plus englobant voire plus strict, risque de produire les mêmes résultats décevants s'il n'est pas appliqué par les États, comme l'échec de l'inclusion de l'aviation dans le marché ETS l'a démontré. Il en est de même pour un

---

7 Mancur Olson, *The Logic of Collective Action*, Harvard University Press, 1965.

régime d'engagements volontaires lâches. Le nouveau processus de « *bottom up* », enclenché suite aux COP de Varsovie et de Lima, qui conduit à des promesses nationales insuffisantes pour respecter les + 2 °C, le confirme. Dès lors, plutôt que de mettre l'accent sur les clivages internes au débat climatique, ne conviendrait-il pas de chercher à promouvoir les types d'actions permettant l'alignement des intérêts des acteurs entre eux et des préoccupations nationales avec l'intérêt international ?

Dans le cas du changement climatique, la mise en place d'incitations atténuant les réticences à l'action collective pourrait, notamment, se faire de trois façons complémentaires.

La première consisterait à privilégier, au sein des mesures climatiques, celles qui engendrent des bénéfices conjoints dans d'autres domaines environnementaux (pollution de l'air ou de l'eau, biodiversité). Cela permettrait de s'attaquer simultanément à certains de ces autres problèmes environnementaux dont on a vu qu'ils étaient parfois plus importants que le changement climatique.

Par exemple, en Europe, une politique d'atténuation permettant de respecter le niveau de + 2 C°, outre des coûts économiques dus au changement climatique bien moindres, engendrerait des cobénéfices en matière de qualité de l'air évalués entre 48 et 99 milliards d'euros par an. Les rejets de SO_2, de NO_x ou de particules fines diminueraient respectivement de 60 %, 45 % et 19 %. La tendance est la même au niveau mondial. Une telle politique générerait des cobénéfices sanitaires encore plus élevés en dehors de l'UE : un gain moyen d'espérance de vie de 19 mois en Chine et près de 30 mois en Inde[8]. Elle permettrait aussi de réduire les dommages dus à l'acidification et à l'eutrophisation des écosystèmes, entraînant ainsi des cobénéfices en matière de biodiversité. Elle engendrerait également des avantages économiques (diminution des importations d'énergies fossiles *via* des économies d'énergie), en matière de protection civile et de sécurité énergétique.

8 P. Watkiss (ed), *op.cit.*

En outre, ces cobénéfices sont souvent moins globaux, moins collectifs, plus nationaux ou régionaux et souvent à moins long terme. À l'inverse des réductions de GES, ils commencent à produire leurs effets à court terme et bénéficient donc aux générations présentes. Ils sont donc davantage appropriables par les pays et les populations.

La réévaluation de l'importance du méthane dans les GES représente, peut-être, une autre possibilité de diminuer la réticence à l'action collective. Aujourd'hui, les équivalences en pouvoir de réchauffement global (PRG) entre CO_2 et autres GES sont calculés pour une durée de cent ans. Or, la durée de vie des différents GES varie de 12 ans pour le méthane à plusieurs milliers d'années pour les gaz les plus rémanents. Le PRG des GES à durée de vie courte est plus élevé à court terme et moins élevé à long terme. Ainsi, l'émission d'une tonne de méthane équivaut à l'émission de 25 tonnes de CO_2 sur une période de cent ans (PRG de 25) mais à l'émission de 72 tonnes de CO_2 sur une période de 20 ans (PRG de 72). De ce fait, le CO_2 et le CH_4 représentent, respectivement, 73 % et 20 % des GES pour un PRG mesuré sur cent ans mais 52 % et 42 % pour un PRG calculé sur 20 ans[9]. Le choix d'une période de cent ans pour évaluer les équivalences de PRG n'incite pas à des mesures de réduction des émissions de méthane. Cette situation s'avère paradoxale. D'abord, parce que cette diminution entraîne une baisse de la teneur en GES plus rapide que celle des émissions de CO_2. Ensuite, parce que beaucoup d'actions de réduction des émissions de méthane sont rentables en elles-mêmes ou peu coûteuses.

Par ailleurs, la part du méthane est plus importante dans les émissions de GES des PVD que dans celles des pays développés. Or, la réduction des émissions de méthane, non seulement n'entrave pas la croissance économique des PVD mais peut y donner lieu à valorisation énergétique. Le découplage entre croissance économique et émissions de méthane y semble plus aisé que le

9 MEDDE, CDC Climat, *op. cit.*

découplage entre croissance économique et émissions de CO_2. Faciliter des projets de réduction de méthane permettrait probablement d'atténuer les réticences des PVD dans les négociations climatiques.

Pour remédier à cette sous-évaluation de l'importance du méthane, accélérer les projets de réduction de ses émissions et inciter, par ce biais, à des engagements plus importants des PVD, deux solutions sont envisageables : calculer le PRG sur une durée inférieure à cent ans ou mettre fin, au moins partiellement, à la fongibilité des différents GES dans les objectifs de réduction, en fixant des sous-objectifs spécifiques pour les GES à durée de vie courte[10].

La diminution des subventions aux énergies fossiles apparaît comme une troisième manière possible d'atténuer la tentation du ticket gratuit des États. En effet, cette réduction ne se ferait pas seulement dans l'intérêt climatique international mais dans l'intérêt national des pays distributeurs de ces aides.

La décomposition des subventions après taxes, en 2013, montre que moins d'un quart (22 %) correspond à un défaut d'internalisation du changement climatique tandis que plus des trois quarts représentent une sous-taxation de l'énergie provenant d'externalités domestiques (dont 46 % pour la pollution de l'air). Autrement dit, dans cette masse de subventions aux énergies fossiles, la pollution de l'air représente plus du double des coûts non internalisés du changement climatique global. Il s'agit là d'une autre façon de confirmer l'analyse effectuée aux chapitres 2, 4 et 5 selon laquelle le coût du changement climatique est, aujourd'hui, inférieur à celui de la pollution de l'air. La suppression de ces subventions permettrait, certes, une baisse de 24 % des émissions de CO_2. Mais elle générerait aussi une diminution de 55 % des décès prématurés dus à la pollution de

10 Sur ces aspects, voir, notamment, Benjamin Dessus, Bernard Laponche, Hervé Le Treut, « Effet de serre, n'oublions pas le méthane », *La Recherche*, n° 417, mars 2008 ; Benjamin Dessus, Bernard Laponche, « Forçage radiatif et PRG du méthane dans le rapport AR5 du GIEC », *Les Cahiers de Global Chance*, n° 35, juin 2014.

l'air. Cette diminution aurait lieu principalement dans les pays éliminant les subventions et chez leurs voisins, avec une proportion plus importante dans les PVD et pays émergents. La suppression de ces subventions bénéficierait donc davantage encore aux pays qui procèdent à ces réformes et à leurs populations qu'au climat mondial.

La réduction des subventions aux énergies fossiles apparaît comme un moyen efficace et non coûteux de diminuer les émissions de GES. Il s'agit d'une mesure qui n'est pas dommageable à l'environnement. Au contraire, elle peut engendrer des cobénéfices importants dans d'autres domaines environnementaux. Elle améliorerait l'efficience économique. Elle dégagerait des marges de manœuvre budgétaire dans les pays subventionnant le plus. Elle permettrait d'y financer des politiques sanitaires, éducatives, alimentaires, profitant davantage aux catégories défavorisées comme au développement économique et au développement humain. Elle accroîtrait la rentabilité des ENR et des économies d'énergie et réduirait le temps de retour sur investissement dans ces secteurs. Elle diminuerait les coûts sanitaires. Elle ne bénéficierait pas seulement au climat mondial mais aux populations des pays accomplissant cette réforme. Et, c'est probablement sous cet angle, plus facilement compréhensible et acceptable socialement et politiquement, qu'il conviendrait de l'y promouvoir. En outre, il s'agit là d'un moyen qui, loin d'opposer pays développés et PVD, permet l'alignement des intérêts nationaux des pays avec l'intérêt général international d'une action collective pour modérer le changement climatique.

Or, aujourd'hui, aucune disposition contraignante, ni même concrète n'existe sur ce sujet dans la gouvernance internationale du changement climatique. En outre, la très grosse majorité de ces subventions est distribuée par des pays hors annexe qui non seulement ne sont pas soumis à des engagements de réduction mais bénéficient de l'assistance financière et technique des pays développés. Une réforme de la gouvernance internationale du changement climatique devrait, *a minima*, relier ces aspects.

L'attribution de financements par le Fonds vert pour le climat pourrait être liée à la diminution, par les pays destinataires, de leurs subventions aux énergies fossiles. Par ailleurs, leur ordre de grandeur étant analogue aux « besoins de financement » estimés pour les politiques climatiques, notamment dans les pays du Sud, la réorientation de ces subventions permettrait d'assurer une partie au moins de ceux-ci. La souscription d'engagements de réductions notables par les pays développés pourrait aussi être conditionnée à la diminution, tout aussi notable, des subventions aux énergies fossiles par les pays qui en dispensent le plus.

Les trois orientations présentées ci-dessus permettraient aussi d'atténuer un autre type de réticences à l'action collective : celles provenant de ceux qui nient le changement climatique et/ou ses causes partiellement anthropiques. Puisque ces mesures sont rentables en elles-mêmes et/ou engendrent des bénéfices sanitaires et environnementaux importants, supérieurs à leurs bénéfices climatiques, le fait qu'elles bénéficient au climat ou qu'elles seraient sans effet sur un changement climatique d'origine naturelle importe peu.

Mieux conjuguer équité et efficacité

Le changement climatique et les politiques qui lui sont liées posent, certainement, une question d'équité, de répartition des efforts, de « partage du fardeau ». On ne peut guère l'esquiver. Mais on peut aussi considérer qu'elle est et a été, jusqu'ici, mal posée et espérer qu'elle le soit, à l'avenir, de façon à mieux conjuguer efficacité et équité, plutôt que de les opposer. La recherche de l'équité dans les politiques climatiques suppose, au préalable, de mieux cerner le type d'équité auquel on aspire et qu'on souhaite mettre en œuvre dans ce cadre.

Laisser perdurer les subventions aux énergies fossiles à leur niveau actuel paraît contraire à l'équité. Elles représentent une « double peine » pour les générations futures. D'une part, elles contribuent à accroître le changement climatique auquel elles seront confrontées. D'autre part, les sommes ainsi dépensées ne sont pas consacrées à des infrastructures utiles au développement économique et humain de ces générations (équipements collectifs, éducation, santé, etc.), tout en augmentant la dette publique qu'elles devront rembourser.

Vouloir attribuer l'essentiel de la réduction des émissions et de la charge financière aux pays développés en raison de leur plus grande richesse ou de l'importance de leurs émissions historiques, risque de déboucher sur une impasse. En termes d'objectifs, cette approche ne suffira pas pour résoudre la question globale du changement climatique. En termes de justification, elle s'avère de moins en moins fondée, au regard de l'évolution de la répartition de la richesse et de l'origine des émissions, même calculées en stocks. En termes pratiques, elle se heurtera à des oppositions, plus ou moins fortes, des opinions publiques et des gouvernements des pays développés.

En revanche, l'empreinte GES en flux, correspondant à la consommation d'un pays en année n (en dehors même de la question des stocks correspondants à la consommation passée), fournit probablement un indicateur plus approprié de la responsabilité respective des différents pays dans le changement climatique que l'indicateur d'émissions de GES découlant de la production sur le territoire national. C'est encore davantage le cas dans une économie globalisée, de libre échange, ayant connu, depuis plusieurs décennies, et connaissant encore de nombreuses délocalisations. Lié à la demande finale, cet indicateur permet d'inclure dans les émissions attribuées à un pays celles résultant du mode de vie de sa population.

Cette prise en compte de l'empreinte GES supposerait la fixation d'objectifs non plus seulement en termes de diminution des émissions liées à la production mais aussi de celles liées à la consommation. Elle attribuerait aux consommateurs finaux que sont les pays développés une partie des émissions des pays du Sud correspondant à leur production exportée. Les pays développés assumeraient une part plus grande de l'effort climatique mais elle serait justifiée par leur consommation. Les mesures climatiques qu'ils prendraient leur permettraient ainsi d'agir sur une plus grande part des émissions mondiales. L'équité et l'efficacité se rapprocheraient.

Mais cet indicateur impliquant des objectifs de réduction plus importants et une charge financière plus lourde pour les pays dont l'empreinte est supérieure aux émissions liées à la production, il devrait être adopté dans un cadre international, permettant d'autres avancées équilibrées. Des objectifs de réduction des émissions liées à la consommation pourraient être conditionnés à des engagements de la part d'autres pays, par exemple une diminution des subventions aux énergies fossiles. À l'échelle de l'UE, il semble aussi envisageable de les coupler à un ajustement carbone aux frontières, notamment à l'égard des pays refusant de prendre des engagements[11]. Un tel ajustement posséderait au moins trois avantages. Il contribuerait à préserver la compétitivité des entreprises européennes, notamment celles intensives en énergie. Il fournirait un « levier » dans la négociation diplomatique sur le climat. Enfin, son produit pourrait être utilisé pour financer des actions d'atténuation ou d'adaptation dans les pays les plus pauvres.

Une telle approche diplomatique par l'empreinte carbone ne semble guère avoir été très explorée jusqu'ici, dans la pratique. Elle pourrait ouvrir des perspectives de dialogue constructif avec les pays du Sud et favoriserait, peut-être, des mesures de réduction moins coûteuses que celles restreintes aux seules émissions des pays développés. À mi-chemin entre considérations environnementales, géopolitiques, économiques et budgétaires, à distance égale de la *realpolitik* et de la diplomatie kantienne, dans le droit fil du principe des responsabilités communes mais

11 Pour un point de vue de ce type, voir D. Helm, *Politique énergétique et climatique européenne*, *op. cit.*

différenciées, conforme à l'esprit du « partage du fardeau », elle permettrait peut-être d'ébaucher une base de négociation relativement équitable et pouvant, en outre, inciter les pays développés à davantage aider les pays du Sud à diminuer leurs émissions.

Bibliographie

Ouvrages, rapports, études et bases de données

Agence de l'Environnement et de la Maîtrise de l'Énergie (Ademe), *Analyse de cycle de vie appliquée aux biocarburants de première génération consommés en France*, 2010.

Ademe, *Efficacité énergétique et environnementale des modes de transport*, 2008.

Ademe, Opinion Way, *Les Représentations sociales de l'effet de serre*, 2014 (Ademe-GfK-ISL pour les éditions précédentes).

AEA Technology, *CAFE CBA Analysis. Baseline Analysis 2000 to 2020*, 2005.

Agence d'évaluation de la recherche et de l'enseignement supérieur (AERES), *Liste des revues AERES pour le domaine Droit*, 2010.

Agence européenne pour l'environnement (AEE), *L'Environnement en Europe : état et perspectives 2015*, AEE, 2015.

Agence nationale de sécurité sanitaire de l'alimentation, de l'environnement et du travail (ANSES), *Étude exploratoire du coût socio-économique des polluants de l'air intérieur*, rapport d'étude, 2014.

Bastien Alex, *La Défense face aux défis du dérèglement climatique*, Observatoire géopolitique de la durabilité, 2015.

Autorité environnementale, *Avis délibéré de l'Autorité environnementale sur l'avant-projet de schéma national des infrastructures de transport (SNIT)*, n° AE 2010-32, 22 septembre 2010.

Delphine Batho, *Insoumise*, Grasset, 2014.

Farid Bensettiti *et al.*, *Évaluation de l'état de conservation des habitats et des espèces d'intérêt communautaire*, MNHN-SPN, 2012.

Marcel Boiteux *et al.*, *Transports : pour un meilleur choix des investissements*, La Documentation française, 1994.

Marcel Boiteux, Luc Baumstarck, *Transports : choix des investissements et coûts des nuisances*, La Documentation française, 2001.

Leon Braat, Patrick ten Brink (dir.), *The Cost of Policy Inaction, The Case of Not Meeting the 2010 Biodiversity Target*, 2008.

Luke Brander *et al.*, *The Benefits to people of expanding Marine Protected Areas*, VU University, 2015.

Barbara Buchner *et al.*, *The Global Landscape of Climate Finance, 2013*, Climate Policy Initiative, 2013.

BASIC experts, *Equitable Access to Sustainable Development: Contribution to the Body of Scientific Knowledge*, BASIC experts group, 2011.

Albert Bressand, *Énergie-climat : pour une politique efficace*, Fondapol, 2014.

Sally Cairns, Carmen Hass-Klau, Phil Goodwin, *Traffic Impacts of Highway Capacity Reductions: Assessment of the Evidence*, Landor Publishing, 1998.

Francois Calvet, Christian Manable, *Rapport d'information fait au nom de la Délégation aux collectivités territoriales et à la décentralisation sur Xynthia 5 ans après : pour une véritable culture du risque dans les territoires*, Sénat, n° 536, 2015.

Centre d'études techniques de l'équipement du Sud-Ouest, *Estimation du trafic induit pour un aménagement lourd*, Setra, ministère de l'Équipement des Transports et du Logement, 1992.

Centre interprofessionnel technique d'étude de la pollution atmosphérique (CITEPA), *Inventaires des émissions de pollutions atmosphériques en France. Séries sectorielles et analyses étendues. Format SECTEN*, 2014 ; www.citepa.org

Herman Cesar, Lauretta Burke, Lida Pet-Soede, *The Economics of Worldwide Coral Reef Degradation*, Cesar Environmental Economics Consulting-WWF-Netherlands, 2003.

Olivier Chanel *et al.*, *Monétarisation des effets de la pollution atmosphérique sur la santé de la population française : une approche européenne.* Étude réalisée pour le compte de l'Ademe dans le cadre du programme PREDIT. Résultats français de l'étude « trinationale » (France, Suisse, Autriche) : *Health Costs Due to Road Traffic-Related Air Pollution*, OMS, bureau régional de l'Europe, 1999.

Centre international de recherche sur le cancer, Organisation mondiale de la santé (CIRC-OMS), « La pollution atmosphérique, une des premières causes environnementales de décès par cancer, selon le CIRC », communiqué de presse n° 211, 17 octobre 2013.

CIRC, OMS, « Les gaz d'échappement des moteurs Diesel cancérigènes », communiqué de presse n° 213, 12 juin 2012.

David Coady *et al.*, *How Large Are Global Energy Subsidies ?*, IMF Working Paper, WP/15/05, IMF, 2015.

Comité d'évaluation des dépenses fiscales et des niches sociales, *Rapport du Comité d'évaluation des dépenses fiscales et des niches sociales*, 2011.

Commissariat général au développement durable (CGDD), *Bilan énergétique de la France pour 2014*, CGDD, 2015.

CGDD, *Bilan de la qualité de l'air en France en 2013*, MEDDE-CGDD, 2014.

CGDD, *L'Empreinte carbone de la demande finale intérieure des Français*, www.statistiques.developpement-durable.gouv.fr

CGDD, *La Fiscalité environnementale en France : un état des lieux*, avril 2013.

CGDD, *Schéma national des infrastructures de transports (avant-projet) : rapport environnemental*, 15 juillet 2010.

Commission des communautés européennes, *Plan d'action pour l'efficacité énergétique : réaliser le potentiel*, COM (2006) 545 final, 2006.

Commission des comptes et de l'économie de l'environnement, *Aspects sociaux des politiques environnementales*, La Documentation française, 2008.

Commission européenne, *Communication de la Commission au Parlement européen, au Conseil, au Comité économique et social européen et au Comité des régions. Feuille de route vers une économie compétitive à faible intensité de carbone à l'horizon 2050*, COM (2011), 112 final, 8 mars 2011.

Commission européenne, *Eurobaromètres*, http://ec.europa.eu/public_opinionarchives/eb_special

Commission européenne, *Proposition de directive du Conseil modifiant la directive 2003/96/CE du Conseil restructurant le cadre communautaire de taxation des produits énergétiques et de l'électricité*, COM (2011) 169, 2011.

Commission européenne, *Stratégie de l'UE relative à l'adaptation au changement climatique*, COM (2013) 216 final, 16 avril 2013.

Conseil d'État, société Néo Plouvien, 14 novembre 2012, n° 347778, www.legifrance.gouv.fr

Convention sur la diversité biologique, *Plan stratégique pour la diversité biologique 2011-2020 et les objectifs d'Aichi*, 2010.

Cour des comptes, *La Grande vitesse ferroviaire : un modèle porté au-delà de sa pertinence*, rapport public thématique, Cour des comptes, 2014.

Cour des comptes, *La Mise en œuvre par la France du paquet énergie-climat*, Cour des comptes, 2013.

Cour des comptes, *La Politique d'aide aux biocarburants*, rapport public thématique, La Documentation française, 2012.

Cour des comptes, *La Politique de développement des énergies renouvelables*, rapport public thématique, Cour des comptes, 2013.

Christophe Declercq *et al.*, *Impact sanitaire de la pollution atmosphérique dans neuf villes françaises. Résultats du projet APHEKOM*, INVS, 2012.

Centre de recherche pour l'étude et l'observation des conditions de vie (CREDOC), *Enquêtes Conditions de vie et aspirations des Français*, www.credoc.fr

Direction générale de l'énergie et du climat (DGEC), *La fiscalité de l'énergie*, 2014 www.developement-durable.gouv.fr

Eelco den Boer, Arno Schroten, *Traffic Noise Reduction in Europe- Health effects, social costs and policy options to reduce road and rail traffic noise*, CE Delft, 2007.

Jean Desessard, *Rapport fait au nom de la Commission d'enquête sur le coût réel de l'électricité afin d'en déterminer l'imputation aux différents agents économiques*, Sénat, n° 667, 2012.

Andrew Dobson, Robyn Eckersley (dir.), *Political Theory and the Ecological Challenge*, Cambridge University Press, 2006.

Électricité de France (EDF), *Baromètre Environnement EDF-R&D*, 1992-2008.

Environmental Protection Agency, *The Benefits and Costs of the Clean Air Act from 1990 to 2020: Final Report*, EPA, 2011.

European Commission, *Addressing the social dimensions of environmental policy. A study on the linkages between environmental and social sustainability in Europe*, Commission européenne, 2008.

European Commission, *Commission Staff Working Document Accompanying the Communication on a Revised EU Strategy on Air Pollution Proposal for a Revision of Directive 2001/81/EC on National Emission Ceilings for Certain Atmospheric Pollutants. Proposal for a Legislative Instrument on Control of Emissions.* Medium Combustion Plants – Impact Assessment SWD (2013) 531, European Commission, 2013.

European Commission, *The costs of not implementing the environmental acquis*, septembre 2011.

European Commission, *Environment: New Policy Package to Clean Up Europe's air*, European Commission, IP/13/1274, 18 décembre 2013.

European Commission, *ExternE: Externalities of Energy – Methodology 2005 Update*, Office for the official publications of the European Commission, 2005.

European Environment Agency (EEA), *Air quality in Europe – 2014 Report*, EEA Report n° 5, EEA, 2014.

EEA, *Climate Change, Impacts and Vulnerability in Europe, 2012*, EEA, report n° 12/2012, 2012.

EEA, *Climate and Energy Country Profiles 2014*, EEA, 2014.

EEA, *Environmental Indicator Report 2014: Environmental Impacts of Production-Consumption Systems in Europe*, EEA, 2014.

EEA, *Environmental Tax Reform in Europe: Implications for Income Distribution*, EEA technical report, n° 16/2011, 2011.

EEA, *Focusing on environmental pressures from long-distance transport*, EEA report n° 7/2014, 2014.

EEA, *Why did greenhouse gas emissions decrease in the EU between 1990 and 2012?*, EEA, 2014.

Eurostat, *Taxation trends in the European Union, 2014 edition*, European Union, 2014.

Eurostat, *Eurostat database*, ec.europa.eu/eurostat/fr/data/database

Samuel Fankhauser, *Valuing Climate Change – The Economics of the Greenhouse*, Earthscan, 1995.

Food and Agriculture Organization of the United Nations (FAO), *Road to Rio: Improving Energy Use Key Challenge For World's Food Systems*, FAO, 14 juin 2012, http://www.fao.org/news/story/en/item/146971/icode/

FAO, *The State of Food and Agriculture 2008 – Biofuels: Prospects, Risks, and Opportunities*, FAO, 2008.

FAO, *The State of Food Insecurity in the Word: High Food Prices and Food Security: Threats and Opportunities*, FAO, 2008.

FAO, *The State of the World's Land and Water Resources for Food and Agriculture (SOLAW): Managing Systems at Risk*, FAO, 2011.

Oxford Martin Commission for Future Generation, *Now for the Long Term*, University of Oxford, 2013.

G7 Sciences Academies' Statement 2015: Future of the Ocean: Impact of Human Activities on Marine Systems, avril 2015.

Sonja Gantolier *et al.*, *Costs and Socio-Economic Benefits Associated with the Natura 2000 Network*, IEEP, GHK, Ecologic, 2010.

The Global Commission on the Economy and Climate, *Better Growth, Better Climate: The New Climate Economy Report*, 2014.

Global Environmental Facility (GEF), United Nations Convention to Combat Desertification (UNCCD), *Land for Life: Securing our Common Future*, GEF, UNCCD, 2011.

Olivier Godard, *Le risque climatique planétaire et la question de l'équité internationale dans l'attribution des quotas d'émissions échangeables*, Environmental Economics & Management Memorandum, UCL, 2003.

Christian Gollier, *The Economics of Climate Change: A Critical Analysis of the Stern Review*, 2007.

Michelle Harding, *The Diesel Differential: Differences in the Tax Treatment of Gasoline and Diesel for Road Use*, OECD Taxation Working Papers, n° 21, OECD, 2014.

Michelle Harding, *Personal Tax Treatment of Company Cars and Commuting Expenses: Estimating Fiscal and Environmental Costs*, OECD Taxation Working Papers, n° 20, OECD, 2014.

High Level Panel on Global Assessment of Resources for Implementing the Strategic Plan for Biodiversity 2011-2020, *Resourcing the Aichi Biodiversity Targets: A First Assessment of the Resources Required for Implementing the Strategic Plan for Biodiversity 2011-2020*, 2012.

Haripriya Gundimeda, *Green Accounting and Its Applications for Development Policy, Presentation at 16th Poverty Environment Partnership Workshop*, 2011.

Dieter Helm, *Politique énergétique et climatique européenne : l'heure du changement*, 2014.

Mike Holland, *Cost-Benefit Analysis of Final Policy Scenarios for the EU Clean Air Package*, version 2, 2014.

Chris Hope, « The Costs and Benefits of Adaptation », *in* Martin Parry *et al.*, *Assessing the Costs of Adaptation to Climate Change*, IIED, 2009.

Institut national de la statistique et des études économiques (INSEE), *Enquête de conjoncture auprès des ménages*, www.insee.fr

Institut national de la veille sanitaire (INVS), APHEKOM, *Improving Knowledge and Communication for Decision Making on Air Pollution and Health in Europe, Summary Report of the Aphekom Project 2008–2011*, 2011.

Intergovernmental Panel on Climate Change (IPCC), *Fourth Assessment Report: Climate Change 2007, Synthesis report*, 2007.

International Energy Agency (IEA), *World Energy Investment Outlook 2014*, OECD, IEA, 2014.

IEA, *World Energy Outlook 2011*, IEA, 2011.

IEA, *World Energy Outlook 2014*, IEA, 2014.

IEA, Organisation de coopération et de développement économique (OCDE), *25 Energy Efficiency Policy Recommendations*, IEA, OECD, 2011.

IEA, OECD, *Capturing the Multiple Benefits of Energy Efficiency*, IEA, 2014.

International Monetary Fund (IMF), *Energy Subsidy Reform, Lessons and Implications*, IMF, 2013.

International Transport Forum (ITF), *Car Fleet Renewal Schemes: Environmental and Safety Impacts*, ITF-OECD, 2011.

Institut de radioprotection et de sûreté nucléaire (IRSN), *Baromètre IRSN sur la perception des risques et de la sécurité*, www.irsn.fr

Shanto Iyengar, Donald Kinder, *News That Matters*, The University of Chicago Press, 1987.

Jane Jacobs, *Déclin et survie des grandes villes américaines*, Éditions Parenthèses, 2012 (1ère éd. américaine : 1961).

Joint Research Center (JRC), European Commission, *Climate Impacts in Europe. The JRC PESETA II Project*, 2014.

Paul Lecroart, *Fins d'autoroutes, renaissances urbaines : la transformation de voies rapides en avenues*, IAU Île-de-France, 2013.

Anna Leipprand *et al.*, *Links between the Social and Environmental Pillars of Sustainable Development, Task 1D: Environmental Taxes*, Ecologic, 2007.

Markus Maibach *et al.*, *Handbook on Estimation of External Costs in the Transport Sector*, CE Delft, 2008.

Hervé Mariton, *Rapport d'information déposé en application de l'article 145 du règlement par la Commission de l'économie générale et du contrôle budgétaire relatif au SNIT*, Assemblée nationale, n° 3450, 18 mai 2011.

Michael Marmot *et al.*, *Fair Society, Healthy Lives, The Marmot Review, Strategic Review of Health Inequalities in England post-2010*, UCL, 2010.

Robert Mendelsohn, « Climate Change Damages » *in* William Nordhaus (ed.), *Economics and Policy Issues in Climate Change*, Resources for the Future, 1998.

Millennium Ecosystem Assessment (MEA), *Ecosystems and Human Well Being: Synthesis*, WRI, 2005.

Ministère de l'Écologie, du Développement durable et de l'Énergie (MEDDE), CDC Climat Recherche, *Chiffres clés du climat, France et Monde. Édition 2015.*

MEDDE, *L'Environnement en France en 2014*, MEDDE-CGDD, 2014.

MEDDE-CGDD, *Les Comptes des transports en 2013*, 51e rapport de la Commission des comptes des transports de la Nation, 2014.

Ministère de l'Écologie, de l'Énergie, du Développement durable et de la Mer (MEEDDM-DGEC), *Repères sur la fiscalité pétrolière*, 2009.

Gérard Miquel, *Rapport fait au nom de la Commission des finances sur la proposition de loi de Mme Archimbaud et plusieurs de ses collègues relative à la nocivité du Diesel pour la santé*, Sénat, n° 600, 2014.

David Nelson et al., *Moving to a Low-Carbon Economy: The Financial Impact of a Low-Carbon Transition*, CPI, 2014

Jan-Eric Nilsson, Roger Pyddoke, *High-Speed Railways: A Climate Policy Sidetrack*, VTI (Swedish National Road and Transport Research), n° 655, 2009.

William Nordhaus, *Managing the Global Commons: The Economics of Climate Change*, MIT Press, 1994.

William Nordhaus, Joseph Boyer, *Warming the World: Economic Models of Global Warming*, MIT Press, 2000.

Barack Obama, *Remarks of President Barack Obama – Address to joint session of Congress*, 24 février 2009.

Barack Obama, *Weekly Address*, 17 février 2012.

OCDE, *Énergie. Étude de l'OCDE sur la croissance verte*, OCDE, 2012.

OCDE, *Examen des performances environnementales de la France*, OCDE, 2005.

OCDE, *Perspectives de l'environnement de l'OCDE à l'horizon 2050*, OCDE, 2012.

OECD, *The Cost of Air Pollution: Health Impacts of Road Transports*, OECD, 2014.

OECD, *Green Growth Indicators, 2014*, OECD, 2014.

OECD, *Natural Ressources and Pro-Poor Growth: The Economics and Politics*, OECD, 2008.

OECD, *Putting Green Growth at the Heart of Development*, OECD, 2013.

OECD, *Development Assistance Comittee (DAC) Statistics, Climate-related Aid*, http://www.oecd.org/investment/stats/rioconventions.htm

OECD, IEA, *Energy Technology Perspectives 2014*, IEA, 2014.

Mancur Olson, *The Logic of Collective Action*, Harvard University Press, 1965.

Organisation des Nations unies (ONU), *L'Avenir que nous voulons*, ONU, 2012.

ONU, *Convention cadre des Nations unies sur les changements climatiques*, 1992.

ONU, *Déclaration de Rio sur l'environnement et le développement*, 1992.

ONU, *Protocole de Kyoto à la Convention cadre des Nations unies sur les changements climatiques*, 1998.

Organisation des Nations unies pour l'alimentation et l'agriculture (FAO), *La Situation mondiale des pêches et de l'aquaculture*, FAO, 2012.

Pape Francois, *Lettre encyclique* Laudato Si', Parole et Silence, 2015.

Robert Poujade, *Le Ministère de l'impossible*, Calmann-Lévy, 1975.

Alain Quinet *et al.*, *La valeur tutélaire du carbone*, La Documentation française, 2009.

République française, *Lutte contre le changement climatique*, document de politique transversale, annexe au projet de loi de finances pour 2015.

République française, *État récapitulatif de l'effort financier consenti en 2014 et prévu en 2015 au titre de la protection de l'environnement*, annexe au projet de loi de finances pour 2015.

Ginés de Rus, *Economic Evaluation of the High Speed Rail*, 2012.

Guillaume Sainteny, *L'Introuvable écologisme français ?*, PUF, 2000.

Guillaume Sainteny, *Plaidoyer pour l'écofiscalité*, Buchet-Chastel, 2012.

Joseph Schumpeter, *Capitalisme, socialisme et démocratie*, Payot, 1974 (1ère éd. américaine : 1942).

Nicholas Stern, *Stern Review on the Economics of Climate Change*, H. M. Treasury, 2006.

Swiss Re, *Natural Catastrophes and Man-Made Disasters in 2010: a Year of Devastating and Costly Events*, *sigma*, n° 1, 2011, www.swissre.com/sigma

The Economics of Ecosystems and Biodiversity (TEEB), *TEEB for National and International Policy Makers*, TEEB, UNEP, 2009.

Richard Tol, *The Stern Review on the Economics of Climate Change: A Comment*, 2006.

Umweltbundesamt (UBA), *What Matters 2011*, Annual Report of the Federal Environment Agency, 2011.

Union internationale pour la conservation de la nature (UICN), *Liste rouge des espèces menacées*, 2014.

Union routière de France (URF), *Faits et chiffres 2014 : statistiques des transports en France et en Europe*, 2014, www.unionroutiere.fr

United Nations Convention to Combat Desertification (UNCCD), *The Economics of Desertification, Land Degradation and Drought: Methodologies and Analysis for Decision-Making*, UNCCD, 2013.

UNCCD, *Land Degradation Neutrality. Resilience at Local, National and Regional Levels*, UNCCD, s. d.

United Nations Educational, Scientific and Cultural Organization (UNESCO), *The United Nations World Water Development Report 4 – Managing Water under Uncertainty and Risk*, UNESCO, vol. 1, 2012.

United Nations Environment Program (UNEP), *Towards a Green Economy: Pathways to Sustainable Development and Poverty Eradication – A Synthesis for Policy Makers*, UNEP, 2011, www.unep.org/greeneconomy

Steven Vanderheiden, *Atmospheric Justice: A Political Theory of Climate Change*, Oxford University Press, 2008.

Éric Vindimian, Gisèle Parfait, *Réduire les pollutions et les impacts sur la biodiversité*, note de cadrage de l'atelier « Pollutions », Conférence française pour la biodiversité, 2010.

Paul Watkiss (ed.), *The ClimateCost Project*. Final Report. Vol. 1: Europe, Stockholm Environment Institute, 2011.

World Bank, *Building Resilience: Integrating Climate and Disaster Risk into Development*, World Bank, 2013.

World Bank, *Central African Republic Country Environmental Analysis: Environmental Management for Sustainable Growth*, World Bank, 2010.

World Bank, *Sustaining Forests: A Development Strategy*, World Bank, 2004.

World Bank, *Vietnam: Economics of Adaptation to Climate Change*, World Bank, 2010.

World Bank, *Where is the Wealth of Nations? Measuring Capital for the 21th Century*, World Bank, 2006.

World Economic Forum, *Global Risks 2015*, 10e édition, WEF, 2015.

World Economic Forum, *The Green Investment Report*, WEF, 2013.

World Health Organization (WHO), *Burden of Disease from Ambient Air Pollution for 2012: Summary of Results*, WHO, 2014.

WHO, *Burden of Disease from Household Air Pollution for 2012, Summary of Results*, WHO, 2014.

WHO, *Burden of Disease from the Joint Effects of Household and Ambient Air Pollution for 2012: Summary of Results*, WHO, 2014.

WHO, *Global Health Risks: Mortality and Burden of Disease Attributable to Selected Major Risks*, WHO, 2009.

WHO, *Review of Evidence on Health Aspects of Air Pollution – REVIPHAAP*, WHO, 2013.

WHO-OECD, *Economics Cost of the Health Impact of Air Pollution in Europe; Clean air, Health and Wealth*, WHO, 2015.

Périodiques

Ademe, *Ademe & Vous- Stratégie & études*, n° 41, 16 février 2015.

Ademe, *Ademe & Vous-Stratégie & études*, n° 42, 11 mars 2015.

Teresa Attina, Leonardo Trassande, « Economic Costs of Childhood Lead Exposures in Low and Middle-Income Countries », *Environmental Health Perspectives*, vol. 121, n° 9, septembre 2013.

Francesco Bosello, Fabio Eboli, Robera Perfederici, « Assessing the Economic Impacts of Climate Change », *Review of Environment, Energy and Economics-Re3*, 10 février 2012.

Simon Caney, « Climate Change, Human Rights and Discounting », *Environmental Politics*, vol. 17, n° 4, 2008.

Simon Caney, « Justice and the Distribution of Greenhouse Gas Emissions », *Journal of Global Ethics*, vol. 5, n° 2, 2009.

Caisse des Dépôts Climat (CDC Climat), *Point Climat*, n° 32, octobre 2013.

CDC Climat, *Tendances carbone*, n° 75, décembre 2012.

Commissariat général au développement durable (CGDD), « Le bilan énergétique de la France en 2013 », *Le point sur*, n° 192, juillet 2014.

CGDD, « La prime à la casse : un tiers des immatriculations de voitures neuves des ménages en 2009 », *Le point sur*, n° 52, 2010.

CGDD, « Les émissions de CO_2 dues à la combustion d'énergie dans le monde en 2012 », *Chiffres & statistiques*, n° 595, janvier 2015.

CGDD, « Les immatriculations de voitures particulières neuves, un an après la mise en place du bonus-malus », *Le point sur*, n° 4, 2009.

CGDD, « Les recettes fiscales environnementales en 2012 », *Chiffres & statistiques*, n° 466, novembre 2013.

CGDD, « Opinions et pratiques environnementales des Français en 2013», *Chiffres & statistiques*, n° 505, mars 2014.

CGDD « Une évaluation du bonus-malus automobile écologique », *Le point sur*, n° 53, 2010.

Marcos Chamon, Paolo Mauro, Yohei Okawa, « Cars: Mass Cars Ownership in the Emerging Market Giants », *Economic Policy*, vol. 23, n° 54, avril 2008.

Jean-Noël Chapulut, Jean-Pierre Taroux, « Trente ans de LGV, comparaison des prévisions et des réalisations », *Transports*, 462, 2010.

Juan-Carlos Ciscar *et al.*, « Physical and economic consequences of climate change in Europe », *Proceedings of the National Academy of Sciences of the United States of America*, vol. 108, n° 7, 15 février 2011.

Magali Corso *et al.*, « Impact à court terme des particules en suspension (PM_{10}) sur la mortalité dans 17 villes françaises, 2007-2010 », *Bulletin épidémiologique hebdomadaire*, 2015, 1-2.

Robert Costanza *et al.*, « Changes in the Global Value of Ecosystem Services », *Global Environmental Change*, vol. 26, mai 2014.

Robert Costanza *et al.*, « The Value of the World's Ecosystem Services and Natural Capital », *Nature*, vol. 387, 15 mai 1997.

Michel den Elzen *et al.*, « Countries' Contribution to Climate Change: Effect of Accounting for all Greenhouse Gases, Recent Trends, Basic Needs and Technological Progress », *Climatic Change*, vol. 121, n° 2, 2013.

Benjamin Dessus, Bernard Laponche, Hervé Le Treut, « Effet de serre, n'oublions pas le méthane », *La Recherche*, n° 417, mars 2008.

Benjamin Dessus, Bernard Laponche, « Forçage radiatif et PRG du méthane dans le rapport AR5 du GIEC », *Les Cahiers de Global Chance*, n° 35, juin 2014.

Francisco Forastiere *et al.*, « Socioeconomic Status, Particulate Air Pollution, and Daily Mortality: Differential Exposure or Differential Susceptibility », *American Journal of Industrial Medecine*, vol. 50, n° 3, 2007.

Richard Gale, « Social Movements and the State », *Sociological Perspectives*, vol. 29, n° 2, avril 1986.

Nicola Gallai *et al.*, « Economics Valuation of the Vulnerability of World Agriculture Confronted with Pollinator Decline », *Ecological Economics*, vol. 68, n° 3, janvier 2009.

Stephen Gardiner, « Survey Article: Ethics and Global Climate Change », *Ethics*, vol. 114, n° 3, avril 2004.

Olivier Godard, « Cette ambiguë adaptation au changement climatique », *Natures Sciences Sociétés*, vol. 18, n° 3, 2013.

Olivier Godard, « Le rapport Stern sur l'économie du changement climatique était-il une manipulation grossière de la méthodologie économique ? », *Revue d'économie politique*, vol. 117, n° 4, 2007.

Dieter Helm, « Climate Change Policy: Why Has so Little Been Achieved? », *Oxford Review of Economic Policy*, vol. 24, n° 2, 2008.

Augustinus de Hollander, Brigit Staatsen, « Health, Environment and Quality of Life: an Epidemiological Perspective on Urban Development », *Landscape and Urban Planning*, vol. 62, n° 1-2, 2003.

Chris Hope, « The Marginal Impact of CO_2 from PAGE2002: An Integrated Assessment Model Incorporating the IPCC's Five Reasons for Concern », *Integrated Assessment Journal*, vol. 6, n° 1, 2006.

Rattan Lal *et al.*, « Soil Carbon Sequestration to Mitigate Climate Change and Advance Food Security », *Soil Science*, vol. 172, n° 12, 2007.

Florence Latullaie, « Éoliennes et loi Littoral : l'incompatibilité confirmée », *Droit de l'environnement*, n° 210, mars 2013.

Corinne Le Quéré *et al.*, «Global carbon budget 2013 », *Earth System Science Data*, n° 6, 2014.

Stephen Lim, « A Comparative Risk Assessment of Burden of Disease and Injury Attributable to 67 Risk Factors Clusters in 21 Regions, 1990–2010: A Systematic analysis for the Global Burden of Disease Study 2010 », *The Lancet*, vol. 380, n° 989, 2013.

Maxwell McCombs, Donald Shaw, « The Agenda-Setting Function of Mass Media », *The Public Opinion Quarterly*, vol. 36, n° 2, été 1972.

Robert Mendelsohn, « Is the Stern Review an Economic Analysis? », *Review of Environmental Economics and Policy*, vol. 2, n° 1, avril 2008.

Eric Neumayer, « In Defense of Historical Accountability for Greenhouse Gas Emissions », *Ecological Economics*, vol. 33, n° 2, 2000.

William Nordhaus, « Expert Opinion on Climate Change », *American Scientist*, vol. 82, n° 1, 1994.

William Nordhaus, « Geography and Macroeconomics: New Data and New Findings », *Proceedings of National Academy of Science*, vol. 103, n° 10, 2006.

William Nordhaus, « A Review of the Stern Review on the Economics of Climate », *Journal of Economic Literature*, vol. 45, n° 3, 2007.

Jouni Paavola, Neil Adger, « Fair Adaptation to Climate Change », *Ecological Economics*, vol. 56, n° 4, 2006.

David Pimentel *et al.*, « Economic and Environmental Threats of Alien Plant, Animal, and Microbe Invasions », *Agriculture, Ecosystems and Environment*, vol. 84, n° 1, 2001.

Michael Porter, Claas van der Linde, « Green and Competitive: Ending the Stalemate », *Harvard Business Review*, vol. 73, n° 5, septembre-octobre 1995.

Michael Porter, Claas van der Linde, « Toward a New Conception of Life Environment-Competitiveness Relationship », *Journal of Economic Perspectives*, vol. 9, n° 4, automne 1995.

Guillaume Sainteny, « Développer les éco-industries », *Projet*, n° 313, novembre 2009.

Henry Shue, « Global Environment and International Inequality », *Ethics and International Affairs*, vol. 75, n° 3, 1999.

Stefan Speck, « Energy and Carbon Taxes and Their Distributional Implications », *Energy Policy*, n° 27, n° 11, 1999.

Richard Tol, « The Damage Costs of Climate Change Toward More Comprehensive Calculations », *Environmental and Resource Economics*, vol. 5, n° 4, 1995.

Richard Tol, « Estimates of the Damage Costs of Climate Change-Part I: Benchmark estimates », *Environmental and Resource Economics*, vol. 21, n°1, 2002.

Richard Tol, « Estimates of the Damage Costs of Climate Change – Part II: Dynamic Estimates », *Environmental and Resource Economics*, vol. 21, n° 2, 2002.

Richard Tol, « The Social Cost of Carbon: Trends, Outliers and Catastrophes », *Economics: the Open-Access, Open-Assessment E-Journal*, vol. 2, 2008-25.

Richard Tol, Gary Yohe, « A Review of the Stern Review », *World Economics*, vol. 7, n° 4, octobre-décembre 2006.

Leonardo Trasande *et al.*, « Estimating Burden and Disease Costs of Exposure to Endocrine-Disruptive Chemicals in the European Union », *The Journal of Clinical Endocrinology and Metabolism*, vol. 100, n° 4, mars 2015.

Jonas Westin, Per Kageson, « Can high speed rail offset its embedded emissions? », *Transportation Research*, Part D, vol. 17, n° 1, 2012.

Martin Weitzman, « A Review of the Stern Review on the Economics of Climate Change », *Journal of Economic Literature*, vol. 45, n° 3, 2007.

Mette Wier *et al.*, « Are CO_2 Taxes Regressive? Evidence from the Danish Experience », *Ecological Economics*, vol. 52, n° 2, 2005.

Gary Yohe, « Some Thoughts on the Damage Estimates Presented in the Stern Review – A Editorial », *The Integrated Assessment Journal*, vol. 6, n° 3, 2006.

\

Du même auteur :

Plaidoyer pour l'écofiscalité, Buchet-Chastel, 2012.

Développement Durable. Aspects stratégiques et opérationnels, éditions Francis Lefebvre, 2010 (co-direction d'ouvrage).

L'Introuvable écologisme français ?, PUF, 2000.

La Fiscalité des espaces naturels, Litec, 1993.

Conception graphique et mise en pages
Thierry Sestier

Collaboration rédactionnelle
Cyril Léclaircie

Relecture
Michèle Lancina

Édition
Thomas Bout

Le papier de cet ouvrage
– Arctic Paper Munken Print White 80 g –
est composéde fibres naturelles, renouvelables,
recyclables et fabriquées à partir
de bois provenant de forêts gérées durablement.

N° d'impression : 130770
Imprimé en France par CPI